AF391393

DE L'OLIVIER

Publications industrielles et agricoles de E. Lacroix

DE

L'OLIVIER

SA CULTURE

SON FRUIT ET SON HUILE

Par JOSEPH REYNAUD, de Nimes

Membre de l'Académie nationale agricole et manufacturière
et de plusieurs sociétés d'Agriculture de France,
Fabricant de produits chimiques.

RÉCOMPENSES HONORIFIQUES EN OR ET EN ARGENT

Nous voulons être utile.

PARIS

LIBRAIRIE SCIENTIFIQUE, INDUSTRIELLE ET AGRICOLE

EUGENE LACROIX, ÉDITEUR.

Libraire de la Société des Ingénieurs civils.

—

MDCCCLXII.

Nimes, imprimerie J. Roumieux et C., place du Château. 8.

ORDRE DES MATIÈRES.

Origines, légendes et traditions de l'olivier. — Emploi, usages des produits de l'olivier. — Limites géographiques. — Description, place dans la nomenclature botanique; variétés. — Meilleures pratiques de culture ; maladies ; insectes. — Olives comestibles de table. — Fabrication de l'huile. — Expériences diverses ; rendement ; sels anti-alcalineux. — Statistique de la production des départements à oliviers.

Notes diverses sur l'agriculture : Classification des sols cultivables. — Les diverses greffes. — Insectes des arbres à fruit ; l'oïdium de la vigne, etc. — Désinfection des chambrées de vers à soie ; graines de vers à soie. — Chaulage des grains, etc.

AVANT-PROPOS

Le livre que M. Joseph Reynaud, de Nîmes, offre aux cultivateurs de l'olivier, est le fruit de trente-cinq années de durs travaux, de longues veilles, de nombreux voyages, de recherches patientes, de minutieuses expériences.

Mais si M. Reynaud, avec le temps, est devenu un bon agronome pratique, un habile industriel, un intelligent commerçant, il n'a jamais eu la prétention d'être un écrivain.

Forcé, bien jeune, de faire son sort par le travail, il donna tout son temps, souvent vingt heures sur vingt-quatre, à ses patrons; aussi n'eut-il pas le loisir de prendre ses degrés dans les académies.

Mais M. Reynaud est né observateur, studieux , chercheur, inventif même. Il s'est occupé de bien des choses : il a été , tour à tour, sinon presque en même temps , agriculteur, industriel, commerçant. C'est ainsi qu'il se fit vigneron pour étudier l'oïdium de la vigne ; — magnanier, pour surprendre et aider le ver à soie dans son œuvre mystérieuse ; — fabricant de produits chimiques , pour perfectionner le blanchissage des tissus, alors encore imparfait ; pour combiner un excellent sel à chauler les grains, etc. , etc. Entre temps, il prenait des notes sur tout ce qu'il faisait, sur tout ce qu'il lisait ; car , de bonne heure , il avait pris l'habitude, qu'il a toujours conservée, de consigner ses observations comme elles venaient , s'occupant peu des difficultés de la grammaire et du beau style.

Bien des années passèrent ainsi. Les produits de M. Reynaud furent accueillis partout avec faveur : il reçut des distinctions honorifiques , des médailles d'or et d'argent pour ses procédés. L'administration elle-même eut un moment l'idée de le charger d'une

sorte d'enquête sur l'olivier et ses produits :
M. Reynaud préféra continuer son œuvre à
sa manière, à ses frais personnels ; c'est
alors qu'il comprit que l'heure était venue
de publier des observations amassées tout le
courant de la vie.

L'olivier, sa culture et ses produits avaient
toujours été sa prédilection ; il mit au jour,
sur ce sujet, une petite brochure, qui fut
bientôt épuisée.

Enhardi par un succès qu'il n'avait pas osé
espérer, incité par des agriculteurs, ses voisins, d'imprimer tout ce qu'il savait, M. Reynaud, se défiant encore de lui-même, mais
toujours désireux d'être utile, demanda au
directeur (1) de l'une des plus importantes
sociétés scientifiques libres de France, de lui
trouver un collaborateur pour l'assister dans
la mise en ordre de ses nombreuses notes.

Collègue de M. Reynaud à l'Académie nationale, agricole, manufacturière et com-

______

(1) M. Aymar-Bression, écrivain technologiste des plus
distingués, connu depuis vingt-cinq ans par de remarquables travaux sur presque toutes les expositions industrielles.

merciale, j'ai d'autant plus volontiers accepté cet office — je ne ferai aucune difficulté de le dire — que le travail de M. Reynaud, lu, relu, bien examiné, mon concours s'est tout simplement borné à découper l'œuvre en chapitres ; à élucider, à corriger d'ici et de là des phrases que, à tort peut-être même, j'ai trouvées obscures ; enfin, à rectifier les nombreuses citations que l'auteur amasse depuis tantôt trente-cinq ans dans toutes ses lectures.

Voilà comment je suis devenu le collaborateur de M. Reynaud.

AMABLE LEMAITRE.

Paris, juin 1862.

BUT DE L'OUVRAGE.

Le livre que nous offrons aujourd'hui au public , et plus particulièrement à nos concitoyens de la France méridionale, traite d'un sujet : l'*olivier*, mentionné en maints endroits dans les livres saints et dans toutes les mythologies écloses sous les chauds rayons du soleil, en Asie, en Afrique, en Europe. L'olivier a excité , dès les siècles les plus reculés, l'attention des plus éminents esprits : Pline , Théophraste , Dioscoride , Varron, Columelle , le vieux Caton , l'illustre Cicéron ont écrit sur cet arbuste , chanté par Homère, Hésiode, Pindare, Virgile, Ovide ; notre poète Vannière, dans le siècle dernier, a fait tout un poème en latin sur l'olivier, et Jean Reboul a chanté la cueillette de l'olive.

Dans les temps modernes, au moyen âge, de nos jours, on pourrait dénombrer plus de cent volumes écrits sur l'olivier, son fruit et ses produits. Nous citerons seulement les écrivains les plus connus : Pietro Crescentino, de Bologne, dans ses *Prouffilts champestres et ruraulx* ; l'espagnol Herrera, dans le *Libro de agricultura* ; Charles Estienne, dans le *Prædium rusticum*, et Jean Liébault, son gendre, dans l'*Ancienne Maison rustique* ; Olivier de Serres, dans son *Théâtre d'agriculture* ; J.-B. Porta, dans l'*Olivetum* ; le marquis de Grimaldo, patricien de Gênes, dans le *Nuovo manifattura del olivo* ; à la fin du siècle dernier, J. Amoureux, Bernard, l'abbé Rozier, le marquis de Pennes, et tant d'autres auteurs d'ouvrages de botanique et d'agriculture générale, parmi lesquels on peut nommer les illustres Tournefort, Linné et de Jussieu; l'anglais John Loke ; et, plus près de nous, Jean Bujault, Mathieu de Dombasle, l'abbé Barjavel, Gasparin, Henri Laure, M. Maffre, etc., etc.

On nous trouvera bien osé, peut-être, après ces grands noms, qui ont signé des ouvrages justement estimés, d'imprimer un *Traité sur l'olivier*. Notre excuse sera simple comme notre but : NOUS VOULONS ÊTRE UTILE et remplir une lacune.

Il nous a paru qu'au moment où l'agriculture prend partout un nouvel essor, il convenait de s'occuper de la culture de l'olivier, restée, selon nous, en arrière depuis trop longtemps par l'absence de méthodes rationnelles, autant que par la routine habituelle aux populations rurales. Le produit de l'olivier constitue, avec les céréales et les vins, la richesse agricole de nos départements du Midi : cette richesse, selon nous encore, peut être de beaucoup augmentée : voilà notre but. Nous ne faisons point métier d'écrire : notre passé l'indique, et certainement la suite de notre travail le montrera ; mais cependant nous croyons avoir de bonnes choses à dire, dans une spécialité où nous croyons n'être pas tout à fait inconnu. Nous ne voulons pas dire par là que le cultivateur la néglige (ce qui est loin de notre pensée), mais que le cultivateur, souvent ennemi juré de toute innovation, s'en tient aux anciens usages que lui a transmis son père et qu'il transmettra à ses enfants, sans savoir si son mode de culture **a** des résultats aussi avantageux qu'on pourrait le désirer, ou même s'il n'est pas quelquefois nuisible.

Voici bientôt trente-cinq ans que, dans le Gard, nous cultivons l'olivier ; que nous traitons son fruit comestible par un procédé sanctionné par une nombreuse clientèle de gourmets ; que nous en extrayons une huile plus recherchée d'année en année sur les meilleures places. Nous sommes arrivé à ces résultats par une suite d'expériences longues et coûteuses, que nous ne voulons, que nous ne devons pas laisser faire à d'autres en pure perte. Nous avons feuilleté tous les vieux auteurs ; nous avons lu tous les traités ; nous avons fait, pour notre commerce, par désir ardent de connaître tous les procédés de culture de l'olivier, tous les traitements connus de ses produits, et aussi, bien des voyages dans nos départements du Midi, en Italie, en Suisse, en Espagne. Notre livre est le labeur raisonné de nombreuses observations comparées entre elles.

Dès 1850 , il nous avait semblé qu'aucun livre ne répondait, par sa clarté, par sa précision , par des conseils pratiques surtout , aux besoins du cultivateur de l'olivier , de l'extracteur d'huile : nous publiâmes alors une brochure de quelques pages sur ce sujet.

Des sociétés savantes se firent dresser des rapports sur nos procédés ; des recueils estimés les insérèrent ; des mentions honorables furent accordées à nos produits ; puis des cultivateurs d'olivier , des extracteurs d'huile , nos confrères , ont bien voulu expérimenter nos méthodes : bon nombre d'entre eux les ont déjà admises dans leurs exploitations. Ces distinctions , ces sympathies dont nous sommes fier et profondément touché : voilà ce qui nous a décidé et encouragé à donner plus d'extension à notre travail , entièrement refondu et complété aujourd'hui.

Toutefois , nous avons voulu maintenir notre œuvre dans les proportions et la forme d'un *Manuel* ; car ce que nous recherchons avant tout , c'est de pouvoir être lu par le cultivateur producteur.

Bien heureux serons-nous si nos recherches, si nos efforts ont abrégé ceux de nos confrères ; si nous avons, pour notre part, contribué à propager la culture du cher arbuste qui, depuis un temps immémorial, enrichit nos contrées.

A la suite de notre travail sur l'olivier et ses produits, nous avons réuni, sous le titre de NOTES DIVERSES, quelques *observations*, *procédés* ou *recettes* recueillis dans le cours d'une carrière agricole et industrielle qui date de bien des années déjà.

Nous avons fait bien des essais ; nous avons subi bien des mécomptes. Peut-être, malgré d'excellents résultats, souvent confirmés par leur répétition fréquente, n'avons-nous pas atteint la certitude absolue : il n'importe, nous n'hésitons pas à livrer à la publicité les faits que nous avons constatés et les observations qu'ils nous ont suggérées. On nous tiendra compte de nos loyales intentions ; cela nous suffit.

On trouvera dans les NOTES DIVERSES, entre autres paragraphes :

1° Une classification des divers sols cultivables, suivie d'un procédé fort simple pour reconnaître la qualité des terres ;

2º Les diverses greffes ;

3º Insectes des arbres à fruit ; — moyen de les détruire ;

4º L'oïdium de la vigne ; — moyen de le détruire ;

5º Observations sur les vers à soie ; — maladies ; — graines ; — désinfection des chambrées ;

6º Chaulage des grains ;

Voici la division de notre livre :

La PREMIÈRE PARTIE rappelle , sous une forme concise, mais rendue intéressante par des faits curieux , des citations et des noms célèbres , *l'origine*, les traditions , les légendes , *l'emploi* et *l'utilité de l'olivier et de ses produits*. — Une charmante pièce de vers, en l'honneur de l'olivier , et empruntée à un joli volume qui vient de paraître, termine ce chapitre.

La DEUXIÈME PARTIE comporte : 1º les *limites géographiques dans lesquelles la culture de l'olivier est possible et profitable ;* 2º la *des-cription physique de l'olivier au point de vue botanique ;* 3° ses *différentes espèces ou va-riétés ;* 4° *culture de l'olivier :* semis, planta-tion, fumure, taille, greffe (divers genres), insuccès, *maladies, insectes qui attaquent l'olivier ;* gelées, préservatifs, etc.

LES TROISIÈME et QUATRIÈME PARTIES sont occupées par : 1° la *cueillette des olives ;* — le *traitement et le dosage des olives comesti-bles ;* — 2° une jolie pièce de vers de M. Jean Reboul, notre illustre poète méridional ; — 3° l'*extraction de l'huile :* moulins, enfers, ustensiles, salaires des ouvriers, rendement ; — 4° *Analyses des diverses parties de l'olive,* — expériences diverses.

La CINQUIÈME PARTIE est remplie par une note *sur la valeur agricole et commerciale de l'olivier et de ses produits* par départements, compris l'Algérie. On trouvera, à chaque contrée, souvent même à chaque localité, la description rapide et critique des procédés de culture ou d'extraction d'huile en usage.

Nous avons fait suivre cette partie de quelques *Notes statistiques* sur la production de l'olivier en France et du commerce auquel il donne lieu à l'importation et à l'exportation.

La SIXIÈME PARTIE contient des *Notes diverses*, comportant les matières que nous avons sommairement indiquées plus haut.

J. R.

ORIGINES DE L'OLIVIER.

L'Olivier, son fruit et son huile mêlés aux plus anciennes traditions
des peuples de l'antiquité (Egyptiens , Assyriens , Juifs , Grecs ,
Romains, etc.) , fréquemment cités dans l'Ancien Testament, dans
Homère , Pindare , Hésiode , Platon , Pline , Cicéron , Varron ,
Columelle , Virgile , etc. — L'Olivier implanté en Provence par
les Phocéens, — Symbole de la Paix et de l'Abondance. — Usage
de son fruit et de son huile , chez les peuples anciens et chez les
peuples modernes , dans les cérémonies publiques , la médecine ,
l'alimentation, — son nom presque le même chez tous les peuples,
dans toutes les langues. — Poésie.

CHAPITRE Ier.

ORIGINES DE L'OLIVIER.

Traditions. — L'Olive et son Huile. —- Utilité, Usages.

Oleæque Minerva inventrix.
(VIRGILE, *Georg.* 1.)
Olea prima omnium arborum est.
(COLUMELLE, liv. v, chap. 7.)

On peut dire que l'origine de l'olivier se perd dans la nuit des temps. En effet, aussi loin que l'on peut remonter dans les traditions des premiers peuples connus de l'ancien monde, on trouve l'olivier et son fruit déjà connus de l'homme : la Genèse et la mythologie, qui parlent souvent de l'olivier, indiquent diversement sa venue dans le règne végétal. Le livre hébreu dit que « l'olivier croissait dans le paradis terrestre. » Après le déluge, « nous voyons la colombe, messager de paix, rapporter à Noé une branche d'olivier dans son bec, » et le Deutéronome porte que « le Dieu d'Abraham promit aux Israélites qu'ils trouveraient

dans la terre promise de Chanaan cinq fruits délicieux : *uvæ, ficus, punica, olivæ, palmæ.* »

On connaît cette fable charmante de l'antiquité
qui attribue la naissance de l'olivier à la rivalité
de Neptune et de Minerve pour nommer Athènes,
à qui tous deux voulaient faire un don utile. Neptune créa le cheval et la déesse fit sortir de terre
l'arbuste précieux :

Oleæ Minerva inventrix.

Les dieux décidèrent que Minerve devait l'emporter. Plutarque veut voir dans le présent de la
déesse ce sage conseil aux Athéniens « que la paix
était pour eux préférable à la guerre, ou bien
l'agriculture à la navigation, » car *hippos*, en
grec, veut dire cheval et source d'eau vive.
Quoi qu'il en soit, Minerve était la déesse la plus
honorée dans l'Attique ; l'olivier lui était particulièrement consacré, et c'était l'un de ses attributs :
on le trouve sur toutes les médailles et sur tous les
monuments érigés en son honneur.

La déesse fit même, en faveur de l'olivier de
l'Acropole, réduit en cendres avec le temple, un
curieux miracle dont Hérodote a conservé le souve-
nir : « On vit cet arbre pousser en quelques heures
un jet de deux coudées, immédiatement après
que la déesse eut été implorée par un sacrifice. »

D'autre part, une tradition dit que bien avant les Grecs, les Egyptiens se faisaient honneur de devoir l'olivier à Mercure, ce dieu que l'on retrouve sous tant de noms divers dans toutes les mythologies, où il préside au commerce, aux voyages, etc. Du reste, il est plus rationel de penser que l'olivier fut apporté de l'Egypte dans la Grèce par Cécrops, prince venu de Saïs, dans la basse Egypte (en l'an 1582 avant J.-C., ou l'an du monde 2448), pays où l'olivier était cultivé avant qu'il fût connu dans l'Attique. Ce qui confirme cette opinion, c'est que le culte de Minerve venait aussi de Saïs, d'où le même Cécrops l'avait apporté. Selon Aristote, on cultivait à Athènes l'olivier avant qu'on sût y cultiver la vigne et le grain. D'autres peuplades sorties de l'Asie et de l'Egypte auront pu procurer le même avantage, en d'autres temps, à différentes contrées de la Grèce et aux pays voisins.

Suivant la troisième ode de Pindare, Hercule le Thébain fut le premier qui, au retour de ses grandes expéditions, rapporta dans sa patrie, du pays des Hyperboréens, des oliviers sauvages. Toute la côte du mont Olympe en fut bientôt couverte, et le premier usage qu'on en fit fut de couronner de ses branches les vainqueurs aux jeux Olympiques.

Un savant, M. l'abbé Gedoyn, qui a fait des recherches sur les Hyperboréens, n'a pu se dissimuler l'objection que ce pays était fort septentrional, et que par conséquent l'arbre était trop sensible au grand froid pour y croître, et surtout pour y produire. Voici comment il tâche d'éclairer la question: « Les Hyperboréens étaient voisins des Celtes... Or, les Grecs comprenaient parmi les Celtes la plus grande partie des peuples de l'Europe. Il y a apparence que ce voisinage les a induits en erreur, et les a fait prendre un peuple pour l'autre. Ainsi, quand ils ont dit que l'olivier leur venait du pays des Hyperboréens, ils ont voulu dire du pays des Celtes, dont, en effet, une partie était fort septentrionale, comme une autre était au midi et une autre au couchant. Or, il n'est pas étonnant qu'Hercule soit venu par mer en Provence ou en Italie, d'où il a pu rapporter du plant d'olivier.» En ce sens, on pourrait dire que chaque peuple avait des hyperboréens ; les Gaulois l'auraient été des Romains.

Voici donc plusieurs lieux d'origine assignés à l'olivier : les Athéniens le revendiquent comme spontanément sorti de terre sur le territoire même de leur ville, à la voix de la sage déesse qui leur en fit présent ; — Pindare fait honneur à Hercule de l'avoir apporté du pays des Hyperboréens ; les insulaires de la Sardaigne en donnèrent un rameau au Grec Aristée, qui, à son retour, le cultiva dans l'Attique; — Pausanias a écrit que les Egyptiens qui, sous la conduite de Cécrops, vinrent peupler la Grèce, l'apportèrent de Saïs, ville de la haute Egypte.

En Provence, il y a deux traditions courantes : l'une qui veut que les conquérants romains aient introduit la culture de l'olivier dans les Gaules : et l'autre qui le prétend apporté de la ville de Phocée; en Ionie, par les Grecs, qui fondèrent Marseille six cents ans avant l'ère chrétienne, l'an de Rome 150.

Ces deux assertions ont des contradicteurs. En premier lieu, il est notoire que du temps de Tarquin l'Ancien (l'an de Rome 174), il n'y avait pas un seul pied d'olivier dans toute l'Italie, ni même en Europe. Selon Huet, à la même époque, les insulaires des Baléares, manquant d'huile naturelle, se servaient d'une huile factice ; et les Portugais. au dire de Strabon, employaient du beurre au lieu d'huile. D'autre part, il paraît étrange, quoique cela ne soit pas impossible, que les Phocéens aient d'abord planté l'olivier sur le territoire peu favorable de Marseille, et bien que des écrivains dignes de foi assurent que Marseille et son territoire n'ont été cultivés que vers le seizième siècle. Une objection peut être faite à l'affirmation de ces auteurs :

c'est que les Phocéens, presque en même temps qu'ils s'établissaient à Marseille, fondaient Nice, Antibes, etc., où l'olivier vient si bien.

On le voit, rien n'est plus difficile que de préciser le lieu où l'olivier apparut pour la première fois. Ce que l'on peut néanmoins constater, c'est que sous toutes les latitudes où sa végétation est productive, on trouve la culture de l'olivier contemporaine du berceau des plus vieilles civilisations. Quantité de faits viennent à l'appui de ce dire : les plus anciennes traditions, les mythologies indoue et grecque, les livres sacrés des Hébreux mentionnent l'olivier en maints endroits; sa représentation se retrouve sur les monuments frustes des premiers âges, aussi bien que sur les temples de l'architecture la plus pure.

Résumons nos recherches sur l'origine de l'olivier. Le plus grand nombre des écrivains de l'antiquité, et parmi eux Aristote et Pline, les voyageurs les plus célèbres, anciens et modernes, tout en reconnaissant que notre arbuste se rencontre et produit d'excellents fruits dans plusieurs contrées et sous diverses latitudes, croient néanmoins qu'il doit être originaire de l'Asie-Mineure. Ils pensent qu'il a dû se répandre bien promptement en Afrique, où se rencontrent, en effet, comme en

Algérie, sur la chaîne de l'Atlas, etc., d'immenses forêts d'oliviers.

En Europe, malgré sa luxuriante végétation, en Corse, en Espagne, en Italie, on doit plutôt considérer l'olivier comme une plante exotique.

Par une bizarrerie étrange, cependant, le type qui sert de point de départ aux botanistes pour déterminer les variétés de l'espèce, c'est l'*olea europea*, fixé d'abord, il est vrai, par l'illustre et savant Linnée, suédois de nation comme on sait, et qui, peut-être, s'occupa plutôt de déterminer les caractères et le genre du sujet que d'assigner le lieu de son origine. Plus tard, le célèbre et savant de Jussieu admit, en les complétant, les notes de von Linnée.

Une remarque intéressante à faire sur l'olivier, c'est que son nom générique et homonymique est le même chez tous les peuples, sauf de légères modifications de prononciation, imposées par la désinence des idiomes : ainsi, les Grecs nommaient l'arbuste, ses fruits ou son huile, *eleia* ou *elæa*, les Latins *olea, oleaster*, les Italiens *olivo, oleastro*, les Espagnols et les Portugais *oliva,* les Anglais *olive, olive-tree*, les Flamands et les Hollandais *oliifboom*, les Allemands *oliven*, les Hongrois *olay*, les Hébreux *ezailh*, dont le son peut se figurer, dit le savant

Minshaeus, dans son Dictionnaire en *onze langues,* par *œillè* , qui se rapproche du grec *eleia.*

L'olivier était chez les anciens le symbole de la Paix et de l'Abondance. Ils représentaient l'âge d'or sous les traits d'une belle jeune femme ayant pour seul attribut une branche d'olivier dans la main droite, et une corbeille toute pleine des fruits savoureux du précieux arbuste dans la main gauche.

Dans les cérémonies publiques, ses rameaux servaient à l'ornementation des temples aussi bien que ceux du laurier ; l'olivier était l'un des attributs des magistrats civils, et c'est les mains chargées de ses branches que les vaincus venaient au devant des vainqueurs pour implorer leur clémence.

Parlons de l'olive et de son huile.

L'olive fraîche, débarrassée par un procédé des plus simples de son amertume, est un manger délicieux et si naturel, qu'on le voit figurer au festin du riche comme sur la table de l'ouvrier. Dans l'antiquité, les patriciens romains se faisaient des présents d'olives. Le grand orateur Cicéron, qui s'occupait de culture et qui a laissé quelques belles pages sur l'olivier, l'olive et son huile, écrivait à un de ses amis, nommé préteur en Espagne, de lui envoyer « des délicieuses olives de ce pays. »

Pline le Jeune, reprochant à un de ses amis d'avoir

manqué un souper, lui dit qu'il « a surtout perdu à ne point manger de savoureuses olives qu'il s'était procurées à grands frais. »

Sans doute nous mangeons l'olive comme entre-mets, confite ou fraîche, ou bien nous la faisons entrer dans la sauce de certains ragoûts, mais les anciens en faisaient une bien plus grande consommation encore ; on en servait à la fin et au commencement des repas, ainsi que le dit le poète satirique Martial, dans ce vers :

Inchoat, atque eadem finit oliva dapes.

L'huile de l'olivier, qu'on employait dans les sacrifices offerts aux dieux pour arroser les holocaustes, servait aussi dans l'antiquité, comme de nos jours, à divers usages domestiques, à la préparation des aliments, à l'éclairage ; elle était fréquemment employée dans la médecine ; les athlètes s'en faisaient oindre avant que de se rendre au cirque ; les matrones faisaient faire par les esclaves des frictions de vin et d'huile aromatisés sur les membres des jeunes Romains, ainsi fit la mère des Gracques ; les courtisanes se léguaient des recettes d'huile parfumée pour la peau et la chevelure.

La médecine et la pharmacie tirent un grand parti de l'huile d'olive ; elle entre dans la composition de la plupart des onguents, des emplâtres, des

liniments ; elle sert à fixer les substances trop vola-
tiles, ou bien elle adoucit celles qui sont trop âcres,
trop corrosives. C'est le médicament le plus popu-
laire contre les coliques, et elle rend des services
signalés comme contre-poison des substances miné-
rales toxiques et corrosives, dont elle émousse , si
elle n'en détruit toute l'action ; enfin , elle est un
émulsif et un adoucissant reconnu pour toutes les
inflammations internes.

L'huile d'olive qui , à proprement parler , ne
s'évapore pas , fut chez les anciens l'objet d'un
trafic considérable ; on sait que Thalès, prévoyant
une disette, avait acheté toutes les huiles de Milet
et de Chio , qu'il revendit plus tard avec grand
bénéfice. Platon se défit de son huile pour subvenir
aux frais que son voyage en Egypte lui nécessita.

Dans l'industrie moderne, à combien d'usages,
de fabrications , ne servent pas les huiles inférieures, dont les résidus mêmes sont un excellent
engrais pour l'agriculture.

L'olivier n'est pas seulement un arbre utile en
raison de l'huile que l'on retire de son fruit et de
l'usage que l'on fait de ce fruit lui-même sur nos
tables ; il l'est encore sous d'autres rapports. Son
bois est un des meilleurs à brûler , car il s'en-
flamme aussi bien vert que sec. L'irrégularité de

ses fibres et de ses nuances lui donne un veiné qui le rend propre à la marqueterie. J'ai vu, à l'Exposition universelle de 1856, des meubles faits avec ce bois, et ils n'étaient pas sans mérite. Sa dureté le fait employer dans toutes les circonstances où l'on a besoin d'un bois de longue durée. Son feuillage, recherché par tous les animaux ruminants, nourrit pendant une partie de l'hiver les nombreux troupeaux qui descendent de la montagne dans la basse Provence. Les bergers ne manquent jamais d'acheter les fagots faits avec les rameaux d'oliviers coupés lors de la taille ou de l'élagage de ces arbres.

Ses feuilles, soumises à l'ébullition, donnent une eau qui est, dit-on, un excellent fébrifuge, peu en usage, seulement peut-être parce qu'on ne s'est pas ingénié à déguiser la saveur un peu amère de sa décoction.

La gomme résine de l'olivier est connue dans la médecine comme un vermifuge d'un puissant effet. Sa dose est de 32 grammes divisés en trois prises.

Cette charmante pièce de vers est insérée dans
un joli volume de poésies qui vient de paraître ; elle
nous semble bien à sa place dans notre livre.

L'OLIVIER.

Que d'autres dans leur chant célèbrent le laurier !
Qu'ils en ceignent le front des vainqueurs à la guerre !
A sa feuille, à ses fleurs, ô modeste olivier,
Olivier porte-fruits, combien je te préfère !

N'es-tu pas parmi nous l'emblème de la paix ?
Or la paix, n'est-ce pas les plaines fécondées,
Et les peuples au lieu d'échanger des boulets,
Echangeant les produits ainsi que les idées ?

Au laurier triomphal pour croître il faut du sang,
Du sang chaud par torrents jaillissant sous les armes,
Des cadavres humains à son pied pourrissant,
Et pour rosée, hélas ! mères, il boit vos larmes.

Tu n'exiges pas tant pour nous donner tes fruits,
Pacifique olivier : content de peu de chose,
Que te faut-il ? Qu'un ciel doux te sourie, et puis
Que d'un peu de sueur l'homme des champs t'arrose.

Tes fruits sous le pressoir s'écoulent en flots d'or,
Flots à qui le lutteur demandait la souplesse,
Et qui servaient jadis et qui servent encor
A prolonger le jour pour la docte sagesse.

Aussi par les anciens étais-tu consacré
A la docte déesse, à Minerve l'austère,
A celle qui du sol t'avait un jour tiré
Pour Athènes, qui fut le flambeau de la terre.

Quand donc, ô nations, comprendrez-vous enfin,
Vous qui, comme Minerve, avez au poing la lance,
Que vous l'avez non pas pour frapper le voisin,
Mais pour vous préserver de toute violence ?

Que vos vrais ennemis, ce sont les oppresseurs,
Tout ce qui vit d'abus, vous vole et vous malmène
Et que pour des *lauriers* s'égorger entre sœurs,
C'est le sommet, hélas! de la folie humaine?

Charles FRÉTIN.

DEUXIÈME PARTIE

CULTIVATION DE L'OLIVIER.

Du climat propre à l'olivier. — Structure, aspect, classification botanique. — Des variétés de l'olivier. — Des variétés d'olives. — Cultivation de l'olivier : labourage, — arrosage, — fumure, — taille, — différentes greffes (en écusson, en flûte, en sifflet, en couronne). — Multiplication de l'olivier (semis, plantation). — Maladies, accidents, insectes qui attaquent l'olivier (moyen curatif et préventif) : la gelée, la neige — coulage de la fleur, — la mousse, végétations parasites, — la morfée.—Nomenclature des insectes qui attaquent l'olivier, — des vers des olives. — D'une théorie sur l'invasion des insectes,— destruction des insectes.

CHAPITRE II.

DU CLIMAT PROPRE A L'OLIVIER.

Bornes Géographiques.

Cura sit, ac patrios cultusque habitusque locorum ;
Et quid quæque ferat regio , et quid quæque recuset.
(VIRGILE , *Georg.* , 1.)

Indiquer d'une façon absolue et chiffrée le degré
auquel l'olivier n'est plus utilement cultivable n'est
pas chose aisée, car nous trouvons une assez grande
variabilité non-seulement de température , mais
même de degrés barométriques dans les diverses
régions où produit notre arbuste. Comment com-
parer, par exemple, le climat de Toulon (Var) à
celui de Sisteron (Basses-Alpes), et celui de quelques localités de l'Ardèche, où vient cependant
l'olivier, avec celui du Gard, même avec celui de
la Haute-Garonne ; — Toulouse avec Saint-Andéol
de l'Ardèche ? Il y a plus, la nature a des lois de
compensation à nous inconnues ; qui expliquera ,

par exemple, comment il se fait que l'olivier produise difficilement sur certains versants du Rhône, même du Var, et que l'on récolte comme curiosité, il est vrai, mais sans soin, sans culture presque, des olives au pied des Alpes, non loin des glaces éternelles (1).

D'où l'on voit que ce n'est pas absolument le climat chaud que l'olivier désire, mais une certaine température, une exposition particulière, sur le versant des côtes, hors des régions où se forment les brouillards, à l'abri surtout des vents du nord et du nord-ouest, qui lui amènent la gelée, que peu de variétés supportent.

On a dit que l'olivier n'avait vigueur et production abondante qu'à une certaine distance de la mer ; Théophraste, Columelle et d'autres auteurs ont même fixé la moyenne à vingt lieues. C'est là une erreur manifeste. La plupart des îles de la Méditerranée, si fertiles en magnifiques oliviers,

----

(1) A Morges, dans le froid canton de Berne, M. Valmont de Bomare a vu, dans un jardin, des oliviers en espaliers, il est vrai, qui donnaient des fruits presque tous les ans. Dans le comté de Devon, en Angleterre, un horticulteur des plus distingués, maintient en plein vent des oliviers de bonne mine, mais auxquels il manque, il est vrai, la maturité du fruit... Le soleil n'a point assez d'ardeur de l'autre côté de la Manche.

ont rarement cette étendue ; et l'on y voit souvent l'arbuste proche du rivage. Sans doute des parties du littoral marseillais, de Toulon même, montrent des oliviers rabougris, inféconds ; il y a lieu d'attribuer ce fait aux causes déjà indiquées plus haut, et qui se résument en une seule : une mauvaise exposition.

Le poète Rosset a résumé , dans ces quatre vers, les conditions indispensables à l'olivier :

> En des climats glacés, sous un ciel nébuleux,
> L'olivier tromperait vos travaux et vos vœux :
> Il craint les aquilons, il cherche une contrée
> Des regards du soleil en tout temps éclairée.

Venons aux limites géographiques de l'olivier.

Quelques écrivains, dans des livres qui ont une grande autorité, entre autres de Candole , dans la *Flore française*, ont annoncé qu'il y a dix-huit siècles, l'olivier étendait dans les Gaules ses rameaux jusqu'au 46º de latitude, c'est-à-dire sur le territoire qui composait la province du Bourbonnais, tandis qu'aujourd'hui cette culture ne s'avance pas à plus de 120 kilomètres dans les terres sur tout le littoral méditerranéen, soit jusqu'au 44º.

Le refroidissement qui s'est graduellement étendu , surtout dans cette partie de l'Europe , serait la cause de cet abandon , qui aurait ainsi fait reculer de 200 kilomètres du Nord au Midi cette source de richesse.

Nous laisserons aux savants qui s'occupent *ex professo* du refroidissement de la terre, le soin de démontrer quelle a été la véritable température des Gaules , et combien la partie du monde que nous habitons a dû perdre de degrés de chaleur en dix-huit cents ans pour tuer un végétal qui, en moyenne et sous des circonstances atmosphériques convenables, peut supporter 8 à 10 degrés centigrades au-dessous de zéro.

Quoi qu'il en soit de cette théorie du refroidissement de la terre, l'agriculture , mieux entendue de nos jours, plus émulée, tend à suivre d'autres voies que celles de la routine ; elle s'efforce, par exemple, de faire produire aux différents sols ce qui leur est plus particulièrement propice et facile. De même elle conquiert tous les jours sur les marais, sur les landes, sur les pentes arides, sur les rochers même des portions cultivables. Dans le Midi, combien de place perdue qui pourrait être utilisée à la culture de cet olivier, si peu exigeant, qu'il se contente de quelques hottées de terre. En effet, quel serait l'arbre qui, comme lui, croîtrait sur des rochers arides et sans eau? puis il demande si peu de soins, si peu de culture, si peu de fumier !

Ce qui paraît à peu près certain, c'est que la culture de l'olivier s'est jadis, en France, étendue sur un plus vaste espace que celui qu'il occupe aujourd'hui. On a pu, dans le siècle dernier, et même dans celui-ci, à la suite de fortes gelées (1), constater que des localités du Gard, de l'Ardèche, de la Drôme, de l'Aude et des Alpes, ont délaissé la culture de l'olivier pour celle des céréales, du mûrier, de la vigne, des arbres à fruits, etc. Dans le cours de ce travail, nous démontrerons par des chiffres combien cet abandon est insensé, et quelle source de richesse peut donner cet arbuste.

Aujourd'hui, voici à peu près les limites dans lesquelles s'épanouit l'olivier.

C'est dans la région méridionale de la France que l'olivier rencontre les terres les plus propices : au sud, le littoral de la Méditerranée ; au nord-ouest, les hautes et basses Cévennes ; au nord,

______

(1) La gelée, voilà le fléau de l'olivier ! On trouvera plus loin au chapitre VIII, des *Maladies de l'olivier*, la série des principaux désastres qui ont affligé nos cultivateurs. Rappelons seulement que M. de Pennes a écrit, dans un Mémoire, que dans le dernier siècle nos oliviers sont morts cinq fois en vingt-huit ans.

les montagnes de la Lozère ; au nord-ouest , le mont Ventoux et les Lébirons ; à l'est , les Alpes.

C'est entre ces grandes limites , tracées par la nature elle-même, que croît l'olivier ; si l'on en aperçoit au-delà , ce ne sont que des exceptions : dans ce cas, l'arbre ne végète et ne produit que dans des vallées, à l'abri des vents du Nord. Ce qui prouve ces assertions, c'est qu'on voit l'olivier à Villefranche, à Muret, à Saint-Affrique (Aveyron), au Vigan, à Ganges, à Saint-Jean-du-Gard , etc. L'olivier croît aux Vans, à Aubenas (Ardèche), à Saint-Andéol et à Pont-Saint-Esprit; de là, il passe le Rhône, envahit le département de Vaucluse, suit la chaîne des Lébirons, et, après avoir rempli en partie les Bouches-du-Rhône, les Basses-Alpes et le Var (1), il prend possession du territoire de l'ancienne Ligurie, par la rivière de Gênes.

Sous le rapport de la longévité , l'olivier est un des arbres dont la vie se prolonge. le plus

____

(1) En France, en faisant figurer pour chacun une unité, l'*Algérie*, la *Corse* et le *comté de Nice* (Alpes-Maritimes), on peut compter *onze* départements producteurs *utiles* de l'olivier; nos départements du Midi figurent pour huit dans cette nomenclature; ce sont : le *Var*, les *Bouches-du-Rhône*, le *Gard*, l'*Hérault*, l'*Aude*, les *Pyrénées-Orientales*, *Vaucluse* et les *Basses-Alpes*.

longtemps sous notre climat. N'avons-nous pas, dans notre territoire, des exemples frappants d'oliviers portant des fruits, et qui, au dire des propriétaires, ont 110, 120 et même 150 ans d'existence? Dans le département du Var, où le climat est plus doux et moins variable que le nôtre, il y a des oliviers qui datent de plusieurs siècles (1). La vie moyenne des oliviers, dans notre contrée, où tant de froids rigoureux se font sentir, est d'environ 50 à 60 ans. Il y a peu d'arbres à fruit qui atteignent cette moyenne.

---

(1) Théophraste et Pline le Jeune ont tous deux écrit trois cents ans. Sous les latitudes plus chaudes, en Italie, par exemple, on ne connaît pas l'âge de l'olivier. Me trouvant dans la campagne, aux environs de Livourne, je demandai un jour à un cultivateur si ces arbres (des oliviers) qu'il taillait vivaient longtemps : — *Sempré, sempré, signore* — Toujours, toujours, me dit-il.

CHAPITRE III.

————

DE L'OLIVIER,

De sa structure, de son aspect, de sa classification botanique, de ses variétés.

Quasi óliva speciosa in campis.
(*Eccles.* , c. **24.**)
Sed neque quam multæ species non nomina quæ sint
Est numerus : neque enim numera comprendere refert.
(Virgile , *Georgiques* , liv. ii.)

——

L'habitude de voir un objet semble, au premier coup d'œil, rendre sa description minutieuse superflue ; cependant il arrive souvent que de cet objet on n'a saisi que l'ensemble, mais peu ou point les caractères spéciaux.

Quelque familier que doive donc être l'olivier à ceux pour lesquels nous écrivons plus particulièrement, nous le décrirons néanmoins sous la forme qui nous paraît être le type de toute l'espèce, le point de départ de toutes ses variétés.

Olivier franc ou *sauvage.*

Il est une vérité incontestable en agriculture,

c'est que l'on ne peut obtenir des variétés qu'à l'aide du greffage ; mais un type primitif est donné par la nature ; ce type , c'est *l'olivier franc,* c'est l'arbre *sauvage.* Cet individu, dans nos climats , ne produirait pas un fruit à notre goût, suffisant à nos besoins (1), s'il n'était cultivé et greffé. Alors il se transforme en quelque sorte : ses branches et ses rameaux prennent plus de consistance ; ses feuilles deviennent plus longues que larges, mieux nourries, et ses fruits plus gras, plus charnus et plus succulents ; il donne plus d'huile.

Revenons à l'olivier franc ou sauvage : il croît spontanément en Asie-Mineure, dans la Syrie, sur les chaînes de l'Atlas, en Afrique , etc. ; il croît aussi en Europe, en Italie, en Espagne, dans les machis de la Corse , dans l'île de Sardaigne , en France, dans les Hautes et Basses-Alpes, dans la Drôme, dans les hautes Cevennes , dans les terrains incultes, sur les rochers, etc. Bien que cet individu soit le type primitif, ce n'est pas lui néanmoins qui a été classé par les botanistes : c'est à son perfectionnement qu'ils ont donné place sous la dénomination suivante :

---

(1) On peut tirer de l'huile de ce fruit, mais en très-petite quantité ; bien traitée, elle a bon goût.

OLIVIER COMMUN ou OLIVIER D'EUROPE

(*Ooulivier* en provençal).

(Olea Europæa, Lin.)

Cet arbre, classé par A.-L. de Jussieu dans la famille des *jasminées*, est devenu, à tort selon nous, pour quelques botanistes modernes, le type d'une famille nouvelle, à laquelle ils ont donné le nom d'*oléacées* ou d'oléinées. Il suffit de citer le frêne *(fraxinus)*, l'orne (*ornus*), le lilas *(syringa)*, le troëne (*ligustrum*), que ces botanistes assimilent à l'olivier, et qui présentent des caractères si différents entre eux, pour rejeter cette classification et revenir à celle admise par les trois illustres maitres : Tournefort, von Linnée, A.-L. de Jussieu.

Bien que l'olivier ne soit pas originaire d'Europe, il a néanmoins reçu, dans la nomenclature botanique, son nom générique de cette partie du monde où il a dû apparaître deux cents ans à peine avant l'ère chrétienne, lors de la fondation de Massilie, ou Marseille, par les Phocéens, comme nous l'avons déjà dit.

Nous regardons l'olivier d'Europe comme le type perfectionné de tous les arbres de cette espèce, parce que l'observation des savants botanistes, que nous-mêmes avons vérifiée, démontre que tous les noyaux perdus dont la pulpe s'est pourrie dans la terre, de même que ceux rejetés par les oiseaux après qu'ils en ont dévoré la chair, servent de semence, au bout d'un certain temps, à un individu qui manifeste invariablement, sous quelque latitude ou climat qu'il végète, en Asie, en Afrique ou en Europe, les caractères propres et spéciaux à l'olivier dit improprement d'Europe.

Voici ses caractères physiques :

Port. — L'aspect général de l'arbre est un peu, surtout lorsqu'il vieillit, celui du grand saule : comme lui, il a le tronc tortu, rugueux; les feuilles vert foncé dessus, grisâtres dessous, rond, aplati au sommet ; mais là se borne sa ressemblance : tout jeune, le tronc de l'olivier est droit et lisse.

L'olivier se fourche de lui-même et se divise bientôt en quelques branches principales ; il ne s'élève pas beaucoup, mais il peut devenir très-gros ; il en est que deux hommes embrasseraient à peine ; l'arbre de produit se tient entre 25 à 50 centimètres de diamètre. L'écorce, chez les jeunes, à l'extérieur, est cendré, vert clair, à l'intérieur, l'aubier est blanc et tendre. En vieillissant, l'écorce brunit, devient raboteuse, alors le bois est roussâtre, noueux, plein de veines bizarres, résineux, oléagineux, et brûlant vert comme sec.

L'olivier devient branchu, ses branches s'allongent par l'extrémité et s'étendent latéralement. Autant l'olivier est facile à la taille , autant négligé, il devient irrégulier , à la différence du sujet sauvage , qui s'étend à peu près régulièrement. L'olivier ne défeuillit jamais , ses feuilles se renouvellent incessamment, il est toujours vert.

La feuille est simple , unie , luisante , épaisse , dure, coriace, amère, marquée de quelques petits points ; elle affecte la forme du fer de lance ; elle est partagée dans sa longueur, de 6 ou 8 centimètres environ, par une nervure saillante ; elle est terminée par une petite pointe aiguë, plus sensible au toucher qu'à la vue ; elle est attachée au rameau par une queue ou pétiole assez courte. Les feuilles de l'olivier commun sortent une à une , et d'une manière opposée , en garnissant les rameaux qui sont aussi terminés par deux feuilles plus petites et par un bourgeon en forme de mitre. Cette feuille est vert pâle , obscur en dessus , blanchâtre en dessous , se contournant en certaines saisons , à certains moments même. Les feuilles durent deux ans , ne se détachent complétement que la troisième année ; les jeunes , vert tendre , sortent à l'aisselle au-dessus de la cicatrice que laissent les vieilles , qui jaunissent en tombant. Le plus grand

dépouillement de l'arbre a lieu en été, et la reproduction, en automne et au printemps, dans la force
de la végétation.

La fleur. — L'olivier est lent dans tous ses progrès ; sa fleur n'est pas du nombre de ces éphémères qui n'ont qu'une beauté passagère et stérile.
A la mi-août, l'olivier entre en floraison, mais n'est
en pleine fleur qu'au mois de juin ; ceux qui sont
précoces, le sont vers le 20 ou le 25 mai ; ainsi cet
arbre reste plus d'un mois en fleur.

Les premières apparences de la fleur sont de
petits grains verdâtres, qui se montrent dans l'aisselle des feuilles ; ils forment des grappes, des épis,
des panicules que soutient un pédoncule commun.

Sur ces grappes sont rangés alternativement et
opposés, comme sont les feuilles sur les rameaux,
de petits bouquets composés de 1, 3, 5 grains :
ceux-ci ont aussi leurs pédicules ; un grain ou bouton termine le bouquet. Chaque bouton a un ou
deux stipules ou appendices à la base et dirigés
en bas. Les grappes s'allongent en se développant ;
les boutons et les petits grains pyriformes qu'elles
portent se développent à leur tour et s'entr'ouvrent
par l'extrémité. A mesure que ce développement se
fait, les boutons blanchissent ; de ronds qu'ils
étaient, ils deviennent pyriformes. La fleur montre

enfin distinctement toutes les parties qui la composent : 1º un calice blanc à tube court , qui la reçoit étroitement et fait environ le tiers de la longueur du bouton : ce calice est d'une seule pièce, fendu en quatre portions et denté par ses bords ; 2º une corolle blanche monopétale, divisée en quatre laciniures arrondies , un peu concaves ; 3º deux petites étamines opposées ayant deux gros sommets jaunes ou anthères droites, portant sur les parois de la corolle ; 4º un pistil ou germe arrondi enclavé dans le fond du calice , surmonté d'un style très-court, qui est lui-même terminé par un stigmate bifide et plat, d'un jaune plus pâle que les anthères.

La fécondation est faite.

Le fruit. — Du moment que la fleur est épanouie, elle n'est pas de durée ; une semaine ou environ décide de son sort et de celui du jeune fruit. Si la saison a été propice et que le moment de la floraison y réponde, l'arbre noue son fruit, sinon il abandonne le germe avec la fleur (1). Les obstacles

____

(1) On tirera un bon augure si, lorsque les oliviers défleurissent, en examinant les fleurs dont la terre est jonchée, on trouve ces fleurs percées, c'est-à-dire qu'elles aient quitté sur l'arbre le calice et le pistil, et qu'elles n'aient emporté avec elles que les étamines flétries, parties devenues inutiles à l'embryon.

à la fructification sont la pluie et le brouillard, un vent qui brouit la fleur, la bruine et la gelée tardive du printemps.

Voici donc l'olivier qui marque son fruit ; on en voit le délinéament : le germe grossit ; il s'allonge ou s'arrondit ; ce fruit est une drupe charnue, ou longue ou ovoïde, plus longue ou plus ronde selon l'espèce ; elle est lisse et a une seule loge qui contient un osselet et une semence. Celui-ci est une sorte de noix ovale (selon les botanistes modernes), oblongue et rugueuse ou étriée. C'est ce qu'on appelle le *noyau* de l'olive, qui est fort dur ; il contient une amande huileuse pour l'ordinaire, seule, quoiqu'il s'en forme deux ; mais une avorte assez communément ; celle qui subsiste a deux lobes qui cachent l'embryon (1).

Ce n'est que sur la fin du mois de juillet que l'écorce osseuse du noyau commence à se former ; l'amande est encore gélatineuse quand cette subs-

(1) Quelquefois j'ai trouvé deux loges, mais une seule amande bien formée, l'autre pourrie ou sèche comme une peau ; ordinairement, le plus grand nombre de noyaux n'a qu'une loge et une amande blanche, couverte d'une fine peau fauve, rayée de brun. J'ai vu aussi de ces amandes plus ou moins arrondies et longues, d'autres plus plates ; enfin, dans quelques olives à demi sèches ou piquées des vers, le noyau est vidé ou ne contient qu'un reste d'amande noire et pourrie.

tance se caille : on voit dans les deux loges les deux amandes séparées par une cloison membraneuse (*loculamentum*) ; il faut pour cela couper la jeune olive transversalement.

J'ai remarqué que quoiqu'il y ait des olives rondes, le noyau est toujours oblong.

Revenons au fruit. L'olive est caduque pendant tout le temps de son accroissement jusqu'à la veille de la récolte ; sans cela, l'arbre ne pourrait porter autant de fruits que de fleurs. L'olive reste longtemps verte ; elle est alors d'un goût sur, revêche, amer, et des plus acerbes.

De vertes, les olives deviennent ou jaunâtres, ou blanchâtres, ou rouges, violettes, noires, plus ou moins selon les espèces. Le calice les abandonne longtemps avant leur maturité ; quelquefois il se sèche sur la place. Six mois s'écouleront cependant avant qu'elles parviennent à la maturité. Pendant ce long espace de temps, l'attention du cultivateur sera portée de l'espérance à la crainte : c'est pour lui le moment de la contemplation. Alors la nature fait tout, l'art est inutile ; il dérangerait, s'il ne détruisait même l'ouvrage de la nature. Les soins du cultivateur ne peuvent hâter le jour désiré, ni prévenir les contre-temps fâcheux.

Les racines de l'olivier ont une manière d'être particulière ; la souche surmonte les véritables racines et est souvent à fleur de terre ; de cette souche partent quelques grosses racines ligneuses, blanchâtres, à écorce jaunâtre, qui se perdent dans la terre, mais ramifient peu. Dans des terrains plus profonds, plus favorables, la racine de l'olivier devient pivotante avec des radicules très-allongées, chargées par-ci par-là de chevelure d'un jaune brun, qui implantent et attachent si profondément l'arbre au sol, qu'il faut un grand effort pour l'en arracher.

Les sculpteurs travaillent volontiers la racine de l'olivier, qui ne se fend pas en séchant, est très-veinée, très-dure, très-compacte, mais par cela même très-cassante ; elle se détache en écailles et exige des instruments d'une extrême finesse et bien trempés.

Nous avons dit que l'olivier d'Europe était pour nous le type de toute l'espèce. Von Linnée en a décrit cependant deux autres espèces premières ou typiques : l'une, l'OLIVIER DU CAP *(olea capensis)*, dont les feuilles sont ovales ; l'autre, l'OLIVIER DE LA CAROLINE *(olea americana)*, dont les feuilles sont lancéolées, elliptiques, à fruit violet et à baies pourprées.

Ces deux espèces n'étant pas intéressantes pour
le cultivateur, il est inutile d'entrer, à leur sujet,
dans un plus grand détail; je les cite pour qu'on
ne dise pas que je les ai oubliées.

VARIÉTÉS DE L'OLIVIER D'EUROPE.

Bien que nous ayons produit ces deux affirmations
que l'on n'obtenait de variétés qu'à l'aide de la
greffe, et que la greffe elle-même était relativement récente dans nos contrées, nous n'entrepren-
drons pas néanmoins de démontrer à quelle époque,
comment ont pris naissance, et comment se sont
répandues les nombreuses variétés de notre arbre.
Nous nous contenterons de décrire les caractères
spéciaux de quelques-unes de ces variétés, dont nous
réduirons le nombre à douze, bien persuadés que,
dans ce chiffre, rentreront normalement toutes les
différentes espèces auxquelles on a donné, dans
chaque contrée, même dans chaque localité, un
nom particulier. Nous donnerons d'abord le nom
vulgaire le plus généralement admis ; nous le ferons
suivre de celui des nomenclatures scientifiques,
puis nous décrirons les caractères particuliers.

Après tout, ces variétés, intéressantes en masse
pour l'observateur, n'ont guère qu'un intérêt

individuel pour le cultivateur ; selon, par exemple, que telle ou telle variété se rencontre chez lui , ou dans son voisinage. Qu'on y songe bien , d'ailleurs la différence des procédés de culture et des procédés industriels, procède bien plus de la diversité des terrains, des degrés de température, que des variétés elles-mêmes, qui ressortent et retournent toutes (1), selon nous, à un type commun , l'olivier d'Europe.

Première Variété.

ANGELON SAGE, OULLIVIÈRE, GALLINENQUE.

(Olea media angulosa, oblonga, majuscula.)

Cet olivier , classé par Tournefort, par Gouan , dans sa *Flore de Montpellier* , par J. Amoureux , dans son *Traité de l'olivier* , est peu connu en France , bien que cultivé dans les arrondissements de Montpellier et d'Aix. Ses feuilles sont petites et allongées, ses branches longues et droites, à écorce lisse, donnant alternativement une feuille et une

-----

(1) La nature a des règles immuables : sous la main de l'homme, l'arbre peut bien affecter une forme et donner une fleur, un fruit différents de ceux de son type primitif ; mais que le sujet soit abandonné à lui-même , la nature reprend ses droits. Les nombreuses expériences des botanistes ont constaté que toutes les variétés retournent au type primitif dans un temps plus ou moins long.

olive, mais celle-ci tombe souvent avant d'être mûre. — Les Languedociens disent de cette variété que c'est *l'olivier femelle*.

Deuxième Variété.

L'AMANDIER ou L'AMELLAOU, GROS NOIR.

(Amygdaliaque olea, amygdalina angulosa à gros noyaux.)

Classé par Tournefort, Garidel, Magnol, l'abbé Rozier, Amoureux, etc., cet olivier est commun dans plusieurs départements, principalement dans celui de l'Hérault. La forme de son fruit se rapproche beaucoup de celle du cyprès vert, dont on lui donne aussi le nom ; ce fruit est ovale, pointu, mais un peu renflé d'un côté, le pendicule court; le noyau est gros, mais proportionné ; cette olive, dont la pulpe est grossière et qui rend peu d'huile, est pour cela destinée à confire ; débarrassée de son amertume par la lessive alcaline, et mise dans l'eau salée, elle conserve sa belle couleur verte ; elle est l'objet d'un grand commerce ; on l'expédie de l'Hérault à Marseille et à Paris. L'arbre, habituellement cultivé dans les vergers, craint le sol substantiel ; sa feuille courte, blanchâtre, fort large du coursis au sommet, est terminée par une petite pointe ; il produit peu, mais donne de grosses olives à confire, que l'on vend, en octobre, de 35 à 40 francs les 50 kilos.

Troisième Variété.

COURNIAU, COURGNIALE ou PLANT DE SALON.

(Olea craniomorpha, medio fructu corni.)

Classé par Tournefort, Garidel, Magnol, etc. La forme du fruit affecte un peu celle du cornouiller, ce qui a déterminé son nom ; cette olive est ordinairement petite, arquée, d'abord rouge, puis noire comme la groseille nommée *morteu ;* son noyau est terminé en pointe, plus aplati d'un côté que de l'autre. Les feuilles de l'arbre, ordinairement en petite quantité, sont grêles, pointues, quoique arrondies. Cet arbre est facile à distinguer par le port de ses branches ou de son fruit, de ses rameaux extérieurs, qui inclinent vers la terre ; il est cultivé en grand, et est très-abondant à Istres, Saint-Chamas, Aubagne, à Marseille, mais surtout à Salon, qui a donné son nom à cette variété, parce que, dit-on, c'est dans cette localité que la greffe en a été pratiquée la première fois, ou que du moins elle a d'abord le mieux réussi.

Toute la contrée est couverte de cet olivier (la variété la plus productive) dans les montagnes, dans les plaines, dans les prairies, jusque dans les céréales.

Ces arbres, bien émondés, bien taillés, tous les deux à trois ans, sont de très-belle venue ; ils ressemblent aux saules de Babylone ; parfois ils affectent aussi la forme des saules pleureurs; l'olive donne une huile très-fine, excellente, qui se conserve parfaitement : on en fait un grand commerce, depuis un demi-siècle, dans le nord de la France, et même à l'étranger.

Quatrième Variété.

OMBUROLES ou **BOURALENQUE, GROSSE-RONDE.**

(Olea sphærica, subrotunda.)

Cet arbre, décrit par Garidel, est très-peu connu dans le Midi ; il ressemble à la *boutillanne* ; son fruit est très-allongé (voy. nᵒ 8); son huile est très-fine.

Cinquième Variété.

PICHOLINE, COLLIASSE.

(Olea fructu, oblongo, minori.)

Classée par Tournefort, Magnol, Garidel, etc. ; cette variété a, dit-on, pris son nom de Picholini, l'intelligent agronome du siècle dernier, qui, le premier, greffa le sauvageon sur le *saourin* et en tira de si bons résultats, qu'un élan enthousiaste saisit toute la contrée, qui, depuis, suit cette excellente pratique. Dans le Gard, les plaines, les montagnes, même les fissures de rocher, tout coin où l'on découvre un peu de terre végétale, se couvre bientôt de cette variété de l'olivier.

L'olivier picholine ou coïasse (1) dans le Gard se divise en deux variétés : le *colliasse ordinaire* et le *colliasse filiaire* ; nos cultivateurs appellent le premier l'arbre mâle, et le second l'arbre femelle. En effet, le collias filiaire porte relativement peu de fruits ; ils sont très-gros, mais allongés et pointus à l'extrémité du pendicule ; l'arbre donne beaucoup de rameaux. La feuille est longue et verte des deux côtés. Le collias ordinaire, préférable pour la greffe, donne un fruit plus abondant, à pulpe plus fine, à noyau plus petit. La feuille est moins verte, son pédicule cependant est à peu près celui du collias filiaire.

On émonde l'olivier picholine, collias ordinaire,

---

(1) Collias, autrefois *Coïasse*, village de l'arrondissement d'Uzès (Gard), qui a aussi donné son nom à cette variété, car on l'appelle indifféremment de l'une ou de l'autre façon. — Les descendants de M. Picholini, cultivateur et négociant, habitent encore, dit-on, Saint-Chamas.

pour en arrêter la croissance trop rapide, et l'on courbe ses branches de manière à ce qu'elles touchent la terre et tiennent une largeur de plus de 6 à 8 mètres carrés, ce qui le fait ressembler au saule pleureur. On ramasse les olives très-mûres, plutôt que de monter sur l'olivier, par peur de le dégrader. On doit aussi remarquer que le collias est de toutes les variétés de l'olivier celle qui est la moins sujette à l'envahissement des vers.

Sixième Variété.

VERDALE, VERDAOU, POURRIDALE.

(Olea viridula, media rotunda.)

Classée par Tournefort, Gouan, Magnol, etc.; cette variété est une de celles dont les mérites souffrent le plus de contestations. Certaines contrées la cultivent exclusivement, et en tirent bon parti; d'autres, au contraire, la rejettent. Ces différentes appréciations doivent provenir d'une étude trop superficielle de sa culture. La qualité principale qui fait rechercher la *verdale*, c'est qu'elle est moins sensible au froid que la plupart des autres variétés. On l'a vu supporter jusqu'à 12 et 14 degrés au-dessous de zéro. La verdale croît près des Pyrénées-Orientales, au Vigan, à Aubenas, près du

mont Ventoux, voire dans les Alpes ; c'est l'olivier
que l'on rencontre le plus avant dans les terres,
soit à 125, à 150 kilomètres de la Méditerranée ;
il végète là sans culture, presque à l'état sauvage ;
à peine recueille-t-on ses fruits devenus trop petits,
et qui sont le plus ordinairement la pâture des
oiseaux. Peut-être, et nous le croyons, y aurait-il
une excellente étude à suivre cette variété (qui
paraît la plus robuste) de son maximun de bien-être
à son moment de dégénérescence sous notre climat.
En tout état, elle peut servir à l'observateur à constater, par la rencontre de ses individus épars dans
nos contrées, sur quelle vaste région s'étendit autrefois la culture de notre précieux arbre.

Voici les qualités et les caractères spéciaux auxquels on reconnaît la *verdale*, que M. Amoureux
conteste trop, et que l'abbé Rozier, au contraire,
préconise exagérément. L'arbre a belle apparence ;
il est très-propre à être enté, ce que l'on fait
dans l'Hérault à l'aide de l'amellaou, dans les
Bouches-du-Rhône, sur le plan de Salon ou picholine. Cultivé sur greffe, le fruit de cet arbre est
assez gros, rond, à grosse pulpe ; sa couleur verte
noircit d'abord, puis passe au vert jaunâtre, sale
et terne, ce qui lui a fait donner le nom de *Pour-
ridale*, d'autant plus qu'elle ne tient pas beaucoup

à son pédicule et tombe parfois avant d'être mûre. Selon les uns, l'arbre, dont les feuilles sont dures, longues, blanchâtres dessous, vert clair dessus, produit tous les deux ans; selon d'autres, tous les trois ans. Quoi qu'il en soit des défauts et des qualités de l'olivier verdale, il est cultivé dans les Pyrénées-Orientales, les Basses-Alpes, les Bouches-du-Rhône, le Gard, et surtout dans l'Hérault, notamment à Gignac, à Montpeyroux, dans l'arrondissement de Clermont ; ces localités font confire le fruit à l'aide de la soude, de la chaux et la cendre ; elles en portent des quantités considérables à Marseille, par la facilité que leur donne le port de Cette.

Septième Variété.

LE MOURAOU ou LA MOURETTE.

(Media rotunda, nigra et rubra, precox.)

Classée par Tournefort, Magnol, Garidel, etc. ; cette variété est généralement reconnue comme une de celles qui donnent la meilleure huile ; elle est très-cultivée à Mossane, à Fontvieille (Bouches-du-Rhône), dans les départements de Vaucluse, du Var et du Gard, qui la greffent en colliasse et en saourin. Sa dénomination lui vient de la couleur de son fruit, qui paraît noir sur l'arbre ; en mûrissant, la pulpe prend une couleur *vinasse* très-foncée et rougit encore en séchant, surtout si on la laisse fermenter ; cette olive, soutenue par une courte queue, est un peu arrondie à ses extrémités ; le noyau est moyen. Ce fruit mûrit par deux fois : les premières olives tombent au moment où les secondes sont mûres ; le *mouraou*, qui craint le froid plus que toutes les autres variétés de l'olivier, doit être planté largement espacé ; son feuillage s'étendant beaucoup en largeur, les feuilles, blanches dessous, vert noir dessus, sont épaisses, larges, membraneuses, pointues aux deux extrémités ; les rameaux sont droits et très-nombreux.

Huitième Variété.

BOUTEILLAOU , BOUTINIAU , BENESAGE.

(Olea minor, rotundo , racemosa.)

Classée par Tournefort et Magnol, cette variété, qu'on a confondue quelquefois dans les auteurs avec la *Bouralenque* (voir *variété 4*e), avec laquelle elle a en effet quelque ressemblance, est reconnaissable cependant à son fruit, qui sort par trochets ou bouquets. L'arbre est assez aguerri au froid ; c'est l'un de ceux que l'on rencontre le plus avant dans les terres ; j'en ai vu à plus de 150 kilomètres de la mer, presque jusqu'au pied du mont Ventoux, où, couverts de neige, ils sont parfois ainsi préservés des froids rigoureux et d'une mort certaine.

Cette variété est plus cultivée dans le Gard et l'Hérault que dans le Var et Vaucluse, où elle est à peine connue. A Nyons et au Buis, où cette variété couvre les coteaux et descend jusque dans les plaines, on l'appelle *Benesage*; elle est cultivée par les vieilles méthodes : à peine commence-t-on à la greffer dans quelques vergers; souvent on laisse monter ses branches; aussi fait-elle peu de fruits. L'arbre, bien cultivé, est l'un des plus gros parmi les oliviers; il ressemble un peu au chêne vert : sa feuille est d'un vert sombre; son bois est cassant; ses olives donnent une huile grasse, burasseuse, mais d'assez bon goût.

Neuvième Variété.

OLIVIER A LA ROSE.

(Olea rosa, odorata et fructu odorate.)

Cette variété n'est classée que par quelques botanistes. Son nom lui vient de la saveur prononcée de son fruit, que l'on a voulu rapporter à l'odeur de la rose. La feuille de cet arbre est très-étroite, découpée, blanchâtre; elle ressemble à celle du plant de Salon; le fruit, peu abondant, est rond; l'huile est douce avec la même saveur que le fruit.

C'est dans le département de l'Aude que l'on rencontre le plus cette variété de l'olivier.

Dixième Variété.

OLIVIER ODORANT ou DE LUCQUES.

(Olea odorata, Lucencis.)

Cette variété, classée par Tournefort, et qui croît dans l'Hérault et les Pyrénées-Orientales, et, dit-on, importée de Lucques, est reconnaissable à son fruit odorant, un peu gros, pointu, relevé des deux côtés ; la pulpe, très-mince, est souvent affectée de vers ; le noyau est arrondi. Confite, cette olive est délicieuse ; elle fournit en petite quantité une huile excellente, limpide ; le noyau est long et courbe. Dans le Gard, cette variété est greffée en picholine ; l'arbre demande un sol argileux : il ne produit que tous les trois ans ; la fleur est recherchée pour son doux parfum.

Onzième Variété.

OLIVIER D'ESPAGNE ou PLANT DE FONTVIELLE.

(Olea hispanica rez, rea fructus marinos.)

Cette variété, classée par Tournefort, se signale par la grosseur de son olive, qui approche quelquefois celle de l'œuf de poule. On la confit au sel ou à l'huile, et elle se conserve longtemps ; c'est le seul éloge qu'on en puisse faire, car elle a moins de saveur que les autres variétés. L'huile, assez abondante, est très-bonne ; cependant, l'arbre est commun en Espagne, notamment à Figuières et à Barcelone ; on en voit à Béziers, à Perpignan, et l'on essaie de le cultiver dans le Gard, où on le greffe sur colliasse ; dans le Var, sur saourin : c'est un arbre de toute beauté ; ses branches sont courtes, mais montent toujours ; ses feuilles sont à peu près également allongées aux deux extrémités.

Douzième Variété.

L'OLIVIER BLAINIANE, ou LA VERGE.

(N'est pas classé par les botanistes.)

Cet olivier, à peine connu dans le Gard et l'Hérault, végète dans le département de Vaucluse et les environs de Draguignan ; il y en a beaucoup à Nice, en Corse et aux environs d'Oran et de Constantine (Afrique) ; son fruit, qui a un fort noyau, est très-petit ; il tombe en mûrissant ; il est blanc et très-charnu ; il ne produit que fort peu d'huile, mais elle est très-fine.

Nous bornerons à douze, ainsi que nous l'avons dit, la détermination des variétés de l'olivier. Peu d'arbres de valeur se trouvent en dehors des caractères particuliers que nous avons décrits ; en tous cas , il nous paraît inutile , au point de vue industriel , d'en charger l'attention de nos lecteurs.

VARIÉTÉS DE L'OLIVE.

On a pu remarquer que nous avons pris le soin de décrire , en même temps que chaque variété d'arbre , le fruit qui en provient ; néanmoins , il pourra paraître , tant le fruit de l'olivier a reçu de noms divers dans tous les pays de production, que nous avons omis bien des olives de notre nomenclature des variétés de l'olivier. En y regardant plus attentivement, on nous rendra plus de justice ; on verra que toutes ces dénominations d'olives ne constituent pas des variétés , mais que ce sont seulement des appellations , si l'on peut dire , des sobriquets de localité. Quelques-unes sont des choix pris dans la masse du fruit ; telles sont, par exemple, la *royale* et la *panachée* , qui se rencontreront, en plus ou moins grand nombre , sur des arbres de toutes variétés, sans périodicité, par hasard, enfin.

Chez les anciens, on connaissait peu les variétés de l'arbre ; on s'attachait plutôt à classer les fruits, selon leur qualité , leur goût, leur forme , leur apparence. Columelle reconnaît dix espèces d'olives,

parmi lesquelles on retrouve la *liciniana*, de Pline ;
la *sergia*, de Cicéron ; les *orchites* ou *orchades*, de
Varron ; Virgile n'en désigne que trois :

> Nec pingues unam in faciem nascuntur olivæ
> *Orchites* et *radii*, et amarâ *pausiæ* baccà.

On désignait aussi les olives par les noms du pays
d'où elles venaient : *syriæ*, *salentinæ*, *picenæ*, etc.
Les auteurs géoponiques grecs ont fait de même ;
ils ont les *ischados*, les *gergerimos*, etc. D'autres
recevaient une appellation d'une qualité : *colymbades*,
qui donne de l'huile sans effort. — Les Italiens, les
Espagnols, ont aussi créé une foule de noms, en
partant des mêmes principes.

CHAPITRE IV.

***

CULTIVATION DE L'OLIVIER.

Vivaces collis olivas educet.
(VANIÈRE, liv. 1er)

***

Nous avons, dans l'examen que nous avons fait de la région qui convient le mieux à l'olivier (page 32), établi que c'est dans le midi de la France que cet arbre donne des produits remarquables , et cela sans l'effort d'une culture fatigante et coûteuse. Dans le cours de notre travail, nous montrerons quel abandon étrange et peu raisonné , pour quelques insuccès, pour quelques sinistres qui, après tout, n'ont point frappé cette production plus que toute autre, a fait délaisser cette culture pour lui préférer celle des céréales, du mûrier, etc. Nous montrerons que notre précieux arbuste , sous des mains patientes, soigneuses, sans grands frais, peut nourrir, sinon enrichir, des familles entières. Un de ces mérites incontestables, lorsque son exposition est propice , c'est qu'on peut le voir s'élever sur des points où ne viendrait nulle autre plante. Par exemple , dans certaines contrées du Gard , de l'Ardèche , de l'Aveyron , des Basses-Alpes , des Pyrénées-Orientales , sur ces coteaux arides , dans ces coins isolés où manque presque absolument la terre cultivable , où le cultivateur perdrait , par la distance , plus de temps que ne lui rapporterait le travail , quel arbre convient mieux et produirait davantage que l'olivier une fois amené à fructification ? Aux environs de Nimes , quel arbre mettrait-on , sinon l'olivier sur ces rochers arides ? Ne sont-ce pas les oliviers qui embellissent les environs de Nimes ? Le feuillage de cet arbre , tantôt vert foncé , tantôt vert grisâtre , détruit la monotonie de nos coteaux en les couvrant d'une verdure contre laquelle les plus froids hivers ne peuvent rien. C'est aux alentours de l'antique Nemausus , la belle cité romaine ; c'est sous ce beau ciel du Midi , qui fait les délices de l'étranger voyageur , que l'olivier déploie son feuillage et présente au regard son fruit savoureux : voici la Tourmagne , ce grand monument de l'antiquité romaine , s'élevant comme un témoin des temps passés au milieu de ces belles cultures semées d'oliviers , où la main de l'homme , dans les champs , dispute à la nature , ici propice, là ingrate , tout ce qu'elle peut donner , moissons et fruits ; puis s'élèvent les fabriques , les usines , d'où sortent tous les produits de la civilisation moderne. C'est alors que les yeux se portant des ruines antiques aux merveilles présentes et vivantes, l'homme se sent à la fois attendri et fier du chemin parcouru dans la route du progrès , dont Dieu seul connaît la fin...

Quand la saison rigoureuse fait place au printemps , l'arbuste précieux nous réjouit la vue de ses agréables fleurs blanches ; elles couvrent d'ombre nos allées ; elles nous embaument d'une odeur douce , agréable , exquise ; puis on songe à son fruit , qui appelle à ce point ceux qui en goûtent qu'ils en deviennent insatiables.

Nous avons dit que l'olivier est , sur notre sol , un étranger naturalisé ; sa culture ne peut donc se produire utilement que dans des conditions spéciales.

Une fois admise, la région (Voir : *Bornes géographiques de l'olivier*, page 51) , la nature du terrain et l'exposition sont les premiers points qui doivent fixer l'attention du cultivateur.

Comme exposition , l'olivier aime les coteaux et les lieux un peu élevés, regardant le Levant ou le Midi ; les hautes montagnes lui sont moins propices à cause de la froide température qui règne habituellement dans ces altitudes. L'olivier ne craint pas d'être doucement agité par la brise ; il en devient, au contraire, plus robuste et plus vert : ce qu'il redoute, ce sont les vents chargés de pluie, et plus encore l'aquilon glacé du Nord.

Toutes les natures de terrain ne sont pas propres à l'olivier : il vient mal dans les vallées basses où la terre est humide, où l'eau séjourne ; mais il se plaît bien dans les terres franches et douces, dans les sols pierreux, caillouteux, même légers. Il s'accommode aussi des terres fortes et grasses ; mais ses produits, en général, se ressentent des lieux où il végète : dans les terrains frais et gras, le fruit donnera une huile grasse ; dans les terres chaudes et sèches, l'huile sera plus fine ; dans les sols marneux, argileux, l'arbre vieillit plus vite et produit moins.

Depuis plus de trente-cinq ans voué à cette culture, nous avons multiplié les essais de toutes sortes. Ainsi, dans nos départements du Midi, nous avons choisi, sur des points très-différents, mais identiques de constitution, quoique situés sous d'autres régions, des portions de terrain. Nous y avons planté et cultivé des oliviers ; puis, les fruits recueillis et mis de côté pour être soumis à des manipulations comparatives, nous avons analysé les terrains producteurs ; ensuite, nous les avons formés en catégories (1).

Nous avons reconnu trois principales sortes de terrains plus particulièrement propices à la bonne venue de l'olivier :

1º Terres mélangées en proportions diverses ou de sables siliceux, ou de sables calcaires, ou enfin de ces deux sables ;

2º Glaise maigre, terre argileuse pure, contenant de la chaux carbonatée, de la chaux pulvérisée, de la magnésie en proportions diverses ;

3º Enfin, la terre ordinaire de jardins anciennement formés, et qui est la meilleure et la plus productive.

Si la terre, dans quelque genre de culture que ce soit, ne produit qu'à raison des soins que lui donne l'homme, il est naturel qu'on cherche, en la rendant fertile ou plus substantielle, à lui faire porter plus de fruit qu'elle n'en produirait d'elle-même ; et s'il fallait citer un exemple, nous dirions

____

(1) On trouvera, aux *Notions générales*, une classification des terres, indiquant les moyens de reconnaître la composition des divers sols et leurs différentes qualités.

que les oliviers de Corse seraient plus fertiles s'ils étaient cultivés par des Provençaux.

Quelque réputation que certains auteurs anciens, entre autres Virgile , aient faite à l'olivier , de pouvoir se passer de culture, il en a besoin pourtant; il l'exige même, si l'on veut en obtenir d'abondantes récoltes. Plus un arbre est éloigné de l'état de nature , c'est-à-dire plus il est rendu domestique , forcé à produire , plus il a besoin d'être soigné. Mais la culture de l'olivier ne doit et ne peut être identique dans tous les terrains, et c'est injustement qu'on se plaint de ce qu'on n'a pas fixé les idées sur son gouvernement; enfin , qu'il n'y ait pas une méthode sûre , uniforme surtout , de le cultiver. Il faut que chacun , selon l'exposition , la température , la constitution de son sol , fasse l'application des meilleures méthodes et procédés , et ne s'en écarte que par des raisons majeures.

En conséquence de ces principes , nous ne donnerons que quelques indications générales sur les pratiques de la culture de notre arbre , soit le *labourage. l'arrosage*, la *fumure, la multiplication des plants,* la *taille,* la *greffe,* la *cueillette,* que nous ferons suivre de l'indication des époques les plus propices à ces manœuvres culturales.

DU LABOURAGE.

Pour que le labour soit profitable , il faut qu'il ameublisse la terre et y ajoute quelques qualités.

Ces qualités seront : la division plus grande des mottes de terre, le renversement d'une masse trop endurcie à sa surface , ce qui l'aidera à mieux absorber les pluies , et permettra au fluide igné terrestre de circuler et de s'échapper au dehors ; — le remuement d'une terre où l'air ne pénétrerait pas assez ; — l'épierrement qui laisse la terre libre, et rend les labours plus faciles ; — enfin , la destruction des plantes inutiles qui couvriraient et épuiseraient les terrains , l'enfouissement de celles dont les cadavres , au contraire, ajoutent toujours quelques nouvelles parties à la terre.

Plus la terre est forte , plus elle doit être labourée souvent. L'argile ne saurait l'être trop ; mais les terres plus légères pourraient l'être moins : les labours trop fréquents nuisent à la terre sableuse et graveleuse. Sous un climat sec et brûlant , il est inutile de tant remuer une terre qui ne doit recevoir ni pluie ni arrosement.

La saison doit sans doute déterminer le moment du labourage; mais il n'y a point de date préfixe pour le faire ; il doit être réglé sur l'intempérie même des saisons. Ainsi , communément , on laboure la terre au printemps et en automne , ou à la fin de l'hiver et au milieu de l'été.

Les labours sont indépendants du renversement des terres, qu'on fait en déchaussant l'arbre pour le fumer ; car il ne suffit pas toujours de fumer le champ.

DE L'ARROSAGE.

L'arrosage , comme pratique agricole , n'est pas indispensable à l'olivier , surtout lorsqu'il est arrivé à l'état d'arbre producteur ; la nature elle-même semble l'indiquer. En effet , le branchage touffu de l'olivier , toujours feuillu , puisqu'il renouvelle incessamment ses feuilles, occupent un tel espace dans l'air par l'arrondissement serré de sa tête, que les racines profitent rarement des petites pluies si bienfaisantes aux autres végétaux. D'autre part , la sécheresse , si souvent prolongée , des climats hantés par l'olivier , spécialement celle qui règne des mois entiers dans nos contrées à l'époque même où se produit le fruit , confirmerait l'assertion que l'arrosage n'est pas indispensable à l'olivier.

Cependant , quelques départements , le Var , les Bouches-du-Rhône, se trouvent très-bien des arrosements modérés. En Algérie , selon M. Maffre , c'est chose dont on ne saurait se dispenser.

L'*Encyclopédie moderne*, de M. F. Didot, un des ouvrages les mieux traités de ce temps, insère, à l'article *Olivier*, le fait suivant, qu'il nous paraît utile de reproduire : « Vers 1788, on a essayé d'arroser les oliviers dans le pays situé entre Arles et Aix, à l'aide d'un grand canal d'irrigation, connu sous le nom de *canal Boisgelin*. Cette tentative eut un succès inouï : le produit en huile, de ce canton, excéda de trois cent mille francs celui d'une année commune avant l'irrigation, et bien que l'huile de cette récolte exceptionnelle fût inférieure à celle des années précédentes, ce qu'il faut attribuer à une cueillette ici prématurée, là trop tardive, et surtout à une fabrication moins soignée. Mais le terrible hiver de 1789, en gelant la plupart des oliviers, vint décourager les agriculteurs, qui abandonnèrent en grande partie cette culture ; ceux qui la continuèrent ne recoururent plus à l'arrosement : on n'en avait pas l'habitude ! mot terrible, dernière défense, argument péremptoire de la routine et de l'indolente incurie... »

Revenons à l'arrosage, et répétons pour cette pratique ce que nous avons dit pour d'autres : c'est à l'intelligence des cultivateurs de discerner quelles pratiques doivent être suivies comme plus propices à son terrain et aux variétés qu'il veut obtenir.

LA FUMURE.

La fumure ne rencontre pas de contradicteurs. En Algérie même, selon M. Maffre, où le climat est incontestablement plus favorable , où surtout la terre n'a point encore épuisé , comme dans la vieille Europe , son humus, l'olivier est fumé , principalement après la plantation et dans sa maturité , tous les deux ou trois ans. En Europe , la fumure est nécessaire pendant les diverses phases de la jeunesse de l'arbuste, ainsi qu'on le verra plus loin (Voir : *Multiplication de l'olivier*) ; elle est indispensable à l'arbre producteur , auquel elle donne une fécondité plus considérable. Bien plus , la fumure , appliquée d'une certaine façon et à une certaine époque , peut, sinon préserver absolument l'olivier , du moins atténuer notablement les effets de la gelée (Voir : *Effets de la gelée*), le plus redoutable des dangers qu'il puisse courir. Cet amendement excellent doit cependant être choisi et employé avec discernement , car il peut être aussi nuisible dans tel cas donné , qu'utile dans tel **autre.** Le temps de fumer la terre est aussi essentiel à observer que la matière des engrais doit être bien choisie par les cultivateurs intelligents. L'opération de répandre le fumier , grossière pour celui qui manœuvre, est délicate pour celui qui se propose de recueillir, puisque l'engrais peut être de nul effet ou devenir nuisible, selon que la terre est trop sèche ou trop humide, selon la nature de tel terrain qui n'en comporte que d'une certaine espèce, et enfin selon la température de l'année qui aura laissé le fumier intact, ou l'aura dévoré promptement. Nous avons vu le fumier rester en entier sous terre, sans se décomposer, malgré deux œuvres subies pendant le cours d'une année de grande sécheresse. Bien plus, le fumier devient alors contraire à l'arbre, en ce qu'il intercepte la fraîcheur et l'humidité que lui donnerait l'atmosphère, au lieu de la chaleur et de la fermentation que maintient l'engrais.

On comprendra que nous n'indiquions pas quelle espèce de fumier doit être employée pour notre arbre; c'est, avant tout, le sol qui doit en déterminer le choix; nous nous bornerons donc à des données générales.

Les fumiers chauds sont surtout propres aux terres argileuses; mais on sait que les oliviers ne s'accommodent pas moins des pleines terres que de celles qui sont caillouteuses. Les fumiers gras vont aux terres maigres et sablonneuses. Les cendres conviennent aux terres argileuses, fraîches et tenaces; le grignou, aux terres légères: le sable, le tan, aux terres fortes. La marne est un bon engrais qui amende bien la terre , et dont on ne fait pas assez usage, pour les oliviers surtout , dans les lieux où l'on peut s'en servir. Enfin, la bonne terre franche surpasse toute sorte d'engrais, sans en avoir les inconvénients , et est de plus de durée. Il nous a toujours paru que plus la terre était douce, travaillée, plus l'olivier était productif.

Dans le Midi , bien des espèces de fumier sont employées. Aux environs de Marseille, c'est la bauque fine ; à Saint-Chamas, Istres, Salon et ses environs, c'est du fumier de rue et du fumier de mouton , mêlé à de la bauque ou à des roseaux de marais, ou baignés d'eau de mer. A Arles et dans ses environs, on emploie les roseaux seuls. Dans le Gard, notamment au Vigan et dans toutes les hautes Cevennes, où l'agriculteur a sous la main du buis vif ou pourri, des feuilles de châtaignier, du plâtre , des marnes et des cendres de ménage , l'olivier est fumé avec ces substances. Le fumier de cheval , les crottins de brebis et de chèvre , sont généralement reconnus pour être très-chauds , des meilleurs et des plus profitables à l'olivier ; puis ils durent davantage. Le buis est un des meilleurs engrais simples que l'on puisse donner aux oliviers, mais il n'est malheureusement pas sous la main de tous ceux qui ont à cultiver notre arbre. Il y a deux manières de l'employer : en feuillage vert, ou pourri, et consumé en fumier ; il se réduit même en terreau. Le premier moyen est, selon nous, le plus expéditif, le moins coûteux , et dure autant.

Voici, selon nous, à quelle époque et comment il faut pratiquer la fumure de l'olivier :

Cette opération doit être faite après la cueillette, soit du commencement à la fin de novembre ; alors, le fumier a le temps de se dissoudre, d'être détrempé par les pluies d'hiver et de se mêler à la terre, qui se trouve ainsi toute préparée quand vient le temps de la sève.

Nous faisons pratiquer autour de chaque arbre une ligne de circonvallation de 25 à 30 centimètres de profondeur , mais sur une plus grande largeur, selon la grosseur du sujet que l'on veut fumer, et alors mis à découvert. L'agriculteur devra avoir soin de nettoyer parfaitement les fissures du tronc et des racines de tous les vers , larves ou œufs que le fumier précédent y aurait pu engendrer ; sans cette précaution , les chaleurs de l'été feraient éclore des milliers d'insectes. L'agriculteur doit ensuite couper aux racines , aux branches et au tronc les parties de bois mort.

Le creusement circulaire enfin bien nettoyé, on

remplit la fosse de tel fumier qu'on aura choisi , en prenant la précaution , toutefois , d'interposer toujours entre le tronc et les racines de la **terre** meuble , afin d'éviter le contact immédiat de **la** fumure. Ce talus de terre sera un intermédiaire utile entre l'arbre et la fumure ; la terre tempèrera l'action des substances fertilisantes. Cela fait , on recouvrira l'engrais de terre , jusqu'à une hauteur d'environ quarante centimètres autour du pied **de** l'olivier.

Mais si , par des circonstances particulières , on ne pouvait fumer les oliviers qu'en février ou **mars,** toute crainte de gelée, bien entendu, étant éloignée, dans ce cas , tout en pratiquant la fumure comme en novembre et en décembre, le chaussement du pied de l'arbre devra être plus léger, afin de faciliter aux racines , par le peu d'épaisseur de la terre , l'accès des pluies du printemps.

Dans le premier cas (la fumure en novembre), le chaussage , qui s'élève d'environ quarante centi- mètres tout autour du tronc de l'olivier, le défendra d'un froid rigoureux ; souvent même le préservera suffisamment des effets de la gelée. Ce mode de con- servation ne saurait être trop préconisé et mis en pra- tique ; car il a généralement réussi dans toutes **les** contrées; les agriculteurs encore arriérés et routiniers du Gard, ceux de l'Ardèche et des Basses-Alpes qui négligent ce soin , voient périr beaucoup d'oliviers dans les rigoureux hivers où la température s'abaisse de six à huit degrés au-dessous de zéro. Aussi, découragés par des pertes si difficiles à réparer, abandonnent-ils les oliviers pour se livrer à la culture du mûrier et des arbres à fruit... Ces cultivateurs, cependant , ne devraient s'en prendre qu'à eux-mêmes de leurs insuccès ; c'est le cas de dire : Aide-toi , le ciel t'aidera !

Quant aux effets de la fumure sur l'arbre, lorsque l'engrais a été choisi en rapport avec le terrain et la variété de l'olivier , ils sont généralement manifestes. L'arbre, même épuisé par une fructification exceptionnelle, se trouve comme rajeuni ; il devient plus vigoureux , entre plus vite en sève , surtout si, vers avril ou mai, on a la précaution, lorsque le printemps est doux , d'en déchausser le pied , d'en relever les terres pour faire prendre l'air à ses racines , afin qu'elles participent aux pluies de la saison.

CHAPITRE V.

TAILLE DE L'OLIVIER.

> La TAILLE est un remède héroïque; c'est une amputation : on y peut survivre , mais on en peut mourir...
>
> ... Mais ÉMONDER, c'est retrancher les branches parasites, c'est aider à la sève, à la fructification , c'est aussi embellir l'arbre.
>
> *(L'Auteur.)*

On taille les oliviers pour trois objets : pour les rendre plus productifs , pour les guérir de quelque maladie , enfin , pour leur donner une plus belle forme.

L'expérience a démontré que tout arbre abandonné aux seules impulsions de la nature , au bout d'un certain temps, ne donnera plus que des fruits sauvages; peut-être même finira-t-il par succomber, épuisé par la trop grande abondance des fruits que lui aura fait facticement produire la main de l'homme ; ses fruits seront plus ou moins dégénérés.

C'est pour obvier à ces inconvénients, c'est pour soulager l'arbre épuisé, c'est pour rétablir l'équilibre entre la sève qui enfante le fruit et l'arbre qui en est l'organe , qu'une taille rationnelle , fondée sur une bonne expérience , est nécessaire , afin de préparer par là des fruits nouveaux nombreux sans exposer l'arbre à dépérir.

Mais la taille doit se pratiquer avec prudence et discernement ; l'agriculteur agira , dans ce cas , comme un chirurgien habile, qui ne se décide à retrancher telles parties plus ou moins intégrantes du corps humain que pour le sauver d'une perte certaine.

Si vous voulez de belles pousses, disait un paysan agronome , fumez , taillez , labourez vos arbres. Voulez-vous beaucoup d'huile ? ralentissez la sève de vos oliviers. Voulez-vous, chaque année, du fruit et de nouvelles pousses ? taillez et fumez vos arbres.

La taille doit être considérée sous deux points de vue : l'un est l'émondage, et l'autre la taille proprement dite.

L'émondage n'est pas autre chose que le dépouillement d'une végétation trop luxuriante dans ses parties légères , ou dans ses petites branches ou branchages.

Ce nettoyage, qui peut être fait tous les ans, se traduira par des récoltes annuelles ; il soulage le sujet sans lui faire éprouver de perturbations redoutables.

La taille proprement dite ne doit se faire qu'alors qu'il s'agit du retranchement de quelque partie puissante de l'arbre , dans le cas de quelque maladie grave. C'est proprement une amputation , un remède héroïque ; il influera longtemps sur toute l'économie, particulièrement sur la sève. On ne peut la conseiller : le vrai jardinier, seul , peut juger de l'urgence et s'y résoudre.

Cette pratique fatale est assez fréquente cependant , dans quelques contrées , par la mauvaise coutume , depuis un temps immémorial établie , qui abandonne comme paiement à l'émondeur le bois qu'il abat de l'olivier. Cette coutume a pour fondement , sans doute, ce proverbe , si complaisamment répété : *Faï me paoure et iou te farai riche : Déshabille-moi et je t'habillerai.* Ces tailles excessives , répétées plusieurs fois , compromettent l'arbre , et un quart de siècle ne suffira pas toujours à l'en relever.

Ce bienfait de l'art lui sera d'un grand secours et se traduira par des récoltes annuelles dignes de l'intelligence du cultivateur et de la nature de l'arbre.

L'émondage , ou petite taille , doit donc seul être admis. Mais dans quel temps , à quelle époque faudra-t-il tailler les oliviers? Selon nous, cette opération se fera de janvier à fin mars, par un temps convenable et sec ; généralement, avril est nuisible à cette opération, parce que, dans ce mois, le travail de la sève se fait déjà sentir, et qu'il est dangereux d'interrompre l'action de la nature.

Le cultivateur procèdera ainsi qu'il suit :

1o Il devra commencer par émonder les branches supérieures qui dépassent le niveau de celles de l'année précédente, parce que l'observation nous enseigne que ce n'est pas sur ces branches que naît le fruit, mais bien sur les ailes, et en dedans, sur le vieux bois ;

2o Il devra ensuite nettoyer l'arbre, le débarrasser de ses branches mortes, ainsi que des tiges appelées *gourmandes*, qui ne produisent rien et ne font qu'épuiser le sujet ;

3o Il devra aussi enlever, des ailes, les bourgeons morts; mais, sous prétexte de tenir l'olivier éclairci, il se gardera de couper indistinctement les jeunes rameaux : quelques-uns sont la fortune de l'année prochaine ; mais d'autres, ceux qui naissent à l'endroit qui vient de produire, sont des parasites : ce sont ceux-là qu'il faut couper. Il devra tenir le dedans de l'arbre bien ouvert ; car un olivier bien tenu doit être libre dans son milieu, afin que toutes les parties de sa couronne reçoivent le mieux et le plus longtemps possible les influences atmosphériques ; afin que l'air dessèche plus aisément l'humidité déposée sur la fleur de l'olive ou sur les jeunes fruits ; afin que les brouillards, nuisibles à la floraison, soient plus promptement dissipés ;

4° Enfin, le cultivateur devra toujours maintenir à l'arbre sa forme sphérique ; non-seulement elle charme nos yeux, et peut-être pourrait-on démontrer son utilité par l'abondance de la fructification, qui est généralement plus régulière, plus égale sur les arbres qui affectent cette forme. Une dernière observation : Quand viendra la cueillette des olives, le cultivateur devra respecter les petites branches extérieures de l'arbre qui se dirigent perpendiculairement de haut en bas vers le sol : plus d'une, en son temps, produira.

CHAPITRE VI.

LA GREFFE.

L'observation attentive des phénomènes de la nature a bien vite dû donner à l'homme l'idée de la greffe. En effet , deux arbres sont voisins : les troncs se touchent , les branches s'entrelacent , se collent à l'époque de la sève ; l'un des arbres , au bout d'un certain temps , aura communiqué à l'autre une partie de ses propriétés , de ses façons d'être ; cette influence pourra même être réciproque, et les deux arbres, subir l'influence l'un de l'autre, à ce point d'échanger, de modifier, de transformer le produit originel... Qui n'a vu le même tronc porter des branches dont les fruits étaient différents ? Dans quelle mesure , sous quelles conditions s'accomplit cette transformation ? Quelles espèces sont plus propices, plus rapides. Telles sont les règles ou lois de la nature que l'arboriculteur doit rechercher et pratiquer rationnellement ; car cette pratique, qu'on l'appelle la greffe ou l'ente, rajeunit l'arbre ou perfectionne ses fruits, quant au goût, à la forme, à la hâtiveté.

La greffe était connue des anciens. Théophraste, Pline et Virgile en parlent à propos de l'olivier. Columelle et Varon citent, à cet égard, des associations bizarres. En Grèce et en Lybie, on entait par curiosité l'olivier sur la vigne ; le fruit qui participait pour la forme, la saveur et le goût des produits des deux différents arbustes s'appelait *elæostaphilos* ou raisin olive. Au Jardin des plantes de Paris, on a, dit-on, greffé l'olivier sur le micocoulier et le platane, deux très-grands arbres ; mais ces essais n'ont pas bien réussi.

Il y a de nombreuses manières de greffer ; nous ne nous occuperons ici que de celles usitées pour notre arbuste, renvoyant aux NOTES DIVERSES les principales autres pratiques d'enter les arbres.

La transformation des arbres, par la greffe, ne réussit en général qu'autant qu'il y a une analogie parfaite entre les genres et les espèces. Il faut laisser aux gens qui ont le temps et les ressources nécessaires les essais de greffage sur les arbres dissemblables : la fructiculture, et surtout la floriculture, y pourront trouver des ressources inattendues, mais aussi de graves mécomptes. Ces recherches, après tout, si elles ruinent quelques amateurs, tourneront néanmoins au profit général de la science : en effet, si l'on ne connaît pas encore tout ce que peut l'art, on connaît moins encore les inépuisables ressources de la nature. Revenons à notre arbre. Pour nous, le plus sûr, c'est de greffer l'olivier sur lui-même ; ce qui, sans changer absolument l'espèce, bonifie et rajeunit l'arbre. Rien n'empêche, non plus, qu'on ne greffe et regreffe plusieurs fois le même olivier sur lui-même ; l'olive deviendra plus parfaite. On peut aussi se donner le spectacle agréable de voir le même arbre porter deux ou trois sortes d'olives différentes, au moyen d'autant de greffes prises sur différentes variétés.

Lorsque l'olivier est d'une espèce trop tardive à produire fruits, ou qu'il est d'une saveur peu agréable, on le greffe de l'espèce que l'on sait être le plus en rapport avec lui, la plus fructueuse, celle qui convient le mieux au sol ; et si la greffe, une première fois, n'a pas changé la fructification, il faut greffer une seconde fois, puis changer le sujet de place ou d'exposition.

Il y a environ cinquante ans que les agriculteurs du Gard, désespérés du maigre produit de leurs oliviers, s'avisèrent de les greffer sur l'espèce dite *picholine* (Voir page 53), connue pour rapporter infiniment plus que l'olivier ordinaire du pays. Les résultats les plus satisfaisants répondirent à leur attente ; ils virent avec satisfaction leurs oliviers, jusque-là presque improductifs, donner, par suite de leur transformation en collias, des fruits abondants. Cette rénovation a permis d'établir dans le Gard un commerce qui fait à cette heure une concurrence redoutable aux olives confites de l'Hérault et des Bouches-du-Rhône. On me permettra d'oser revendiquer une part de ces succès ; car voici bien des années déjà que je consacre au perfectionnement de l'olivier et de ses divers produits tous mes soins.

Venons à la greffe proprement dite :

Les anciens traités indiquent trois ou quatre manières d'enter l'olivier : en *couronne*, en *fente*, en *flûte* ou *sifflet*, et en *écusson*. Cette dernière pratique est la plus employée ; elle est la plus sûre et celle qui a nos préférences ; nous nous étendrons plus particulièrement sur sa manœuvre ; nous indiquerons très-sommairement les autres.

DE LA GREFFE EN ÉCUSSON.

La greffe en écusson, ou à l'emplâtre, comme disent les gens des campagnes , ne se pratique pas, selon moi , indifféremment à tout moment de l'activité de la sève , et si l'on a à greffer de jeunes oliviers ou de vieux sujets. Dans le premier cas , on ne doit pratiquer la greffe que du 15 à fin mai; dans le second cas , les vieux ou gros oliviers nécessitent le greffage seulement au commencement de juin.

La greffe doit toujours se faire par un beau temps , surtout lorsque la sève circule , et que la fleur de l'olivier , bien épanouie , apparaît librement.

Toutes ces conditions posées et admises, mettons-nous à l'œuvre :

1o Une première incision circulaire est faite autour de la branche ou du tronc que nous voulons greffer ;

2o Une seconde incision est ensuite pratiquée au dessous de la première , à la distance de huit à dix centimètres ;

3o L'écorce est légèrement levée pour mettre le bois à nu ;

4o L'écorce inférieure est verticalement fendue du haut en bas, dans la direction du sol, en quatre, cinq ou six entailles , ou même en un plus grand nombre , selon la grosseur de la branche ou du tronc à greffer ;

5o Chaque fente doit avoir de cinq à six centimètres de longueur pour les gros sujets , et de trois à quatre pour les petits ;

6o Les divers morceaux ou lanières d'écorces sont retroussés avec la précaution de ne les point briser ;

7o La branche ou le tronc à greffer ainsi préparé , nous disposons plus ou moins de tiges d'oliviers collias (selon le nombre d'oliviers que nous avons à greffer) de trois à quatre centimètres de longueur , que nous coupons de façon à respecter les bourgeons ;

8o L'écorce de chacune de ces tiges est ensuite détachée et placée bien à plat autour de la tige à greffer , de manière à remplir la circonférence de la tige soumise à l'action du greffage , et en ayant soin de la placer dans sa situation première.

Il est bien entendu que les tiges qui fournissent les morceaux d'écorce ou lanières d'écorce pour la greffe , doivent avoir chacune un à deux bourgeons d'un an d'existence ;

9o **Ces lanières d'écorce** , une fois placées sur le **bois de l'arbre**, à nu, nous relevons celles du sujet **que nous avions** abaissées pour pouvoir introduire **la greffe** entre l'écorce et l'aubier de l'olivier ;

10o **A l'effet** d'empêcher l'introduction de l'air **atmosphérique** dans la greffe, le tout est fortement **ligaturé** à l'aide de petites cordelettes en chanvre ou **en sparterie.** Il serait mieux encore d'entourer tout **l'appareil** ou greffage d'un vieux morceau de linge **et d'étoffe** , après l'avoir préalablement enduit d'ar- **gile** ou de terre grasse.

Voilà notre opération terminée.

Au bout de quinze jours , trois semaines au **plus** , tout l'appareil de la greffe est enlevé avec **précaution.** Si l'opération a été bien faite , on voit **avec plaisir** que la sève , ne pouvant plus alimenter **les branches** supérieures , a été forcée de se porter **sur la greffe** et ses rejetons. — A ce moment , il **sera** bon d'enlever tous les bourgeons qui ne seraient **pas** le produit de la greffe.

Un an après , c'est-à-dire en mars , si l'on veut **s'assurer** plus complétement encore du succès du **greffage** , on coupe la branche ou le tronc qui a **servi** au greffage , à un bon centimètre au-dessus **de la greffe**, et l'opération du greffage est terminée.

Le moyen le plus assuré pour obtenir des récoltes,

sinon la deuxième, mais au plus tard la troisième année, c'est de fumer l'arbre à la manière que nous avons indiquée en son lieu (Voir : *Fumure*, page 74).

Nous avons dit que les auteurs indiquent aussi d'autres manières de greffer l'olivier ; sans nous étendre sur ces diverses opérations, que nous décrivons dans les NOTES DIVERSES, nous indiquerons en quelques mots, seulement, les avantages et les inconvénients que présentent ces façons d'enter notre arbre.

La greffe en *fente* se pratique au premier mouvement de la sève, dès son premier travail ; elle a lieu ordinairement, dans nos contrées, en février ou en mars.

On fend le sujet le plus régulièrement possible, et l'on conserve dans la fente un saron taillé en forme de coin', placé de manière que le liber du sujet et celui de la greffe coïncident parfaitement à l'intérieur.

Pour que la greffe en *fente* réussisse, il faut que le sujet commence à être en sève et que la greffe soit dans des conditions analogues. Quand on aura à greffer un arbre précoce sur un autre qui l'est moins, il faut couper les scions un peu d'avance pour retarder le mouvement de la sève. Le scion doit être du bois de l'année ; au plus, du bois de deux ans.

On peut aussi greffer en *fente* en septembre avec succès ; car s'il n'y a pas assez de sève pour faire pousser le scion , il y en a suffisamment pour émonder le sujet et maintenir la vitalité jusqu'à l'ascension de la sève.

La greffe en *flûte* ou *sifflet* a été préconisée comme la plus sûre pour enter les bonnes espèces d'oliviers sur les sauvageons provenus de semence , sur les rejetons de deux à trois ans. La greffe en flûte ou sifflet se pratique ainsi : on fend l'écorce du sujet verticalement et on le décolle avec soin par bandes; on tire ensuite , de la branche qui doit fournir les greffes , un anneau muni d'un bourgeon ou œil , et on le place sur la partie du sujet dénudée de son écorce , de manière que le liber de la greffe se colle exactement avec l'aubier ; on recouvre alors le tout avec les bandes d'écorces , mais en ayant soin de laisser l'œil à découvert.

Ces greffes ont la plus grande aptitude à se coller : 1° parce qu'elles ont plus de rapport avec les sujets plus jeunes ; 2° parce que la greffe s'applique au sujet, dans tous les points, en l'entourant en entier. Une observation importante est à faire : c'est qu'il faut avoir soin que le rameau du tronc dont on tire l'étui , le cercle ou la virole d'écorce pour servir d'écusson , soit un peu moins gros de quelques

lignes que le jet ou scion sur lequel on veut
l'ajuster ; sans quoi l'étui, trop large, ne se colle-
rait pas ; il faut aussi attendre que l'olivier soit bien
en sève , sans cela on ne pourrait détacher le cercle
ou l'étui d'écorce sans le fendre.

La greffe en *couronne* est particulièrement applicable aux arbres trop gros pour être fendus. Elle
se fait ainsi : on incise verticalement l'écorce et on
place des scions entre le bois et l'écorce détachée
de l'aubier avec la greffe , ou bien on taille un ou
plusieurs morceaux de bois en forme de coins , suivant la grosseur du sujet , et on les insère de la
même manière.

La greffe en *couronne* se pratique en mai et en
juin , quand l'écorce se sépare facilement. On peut
aussi , en fendant un arbre assez gros sur plusieurs
parties de son diamètre, y apposer plusieurs scions;
on le greffe ainsi , en couronne , au mois de février
et de mars.

Il se passe souvent un mois ou un mois et demi,
quelquefois deux , avant que les bourgeons des
greffes s'ouvrent ; ils s'élancent pendant les chaleurs
et donnent chacun un petit jet garni de feuilles, qui
s'allonge pendant cette première pousse de trois ou
quatre pouces et jusqu'à un pied, ou même davantage , surtout si l'on a eu la précaution d'arroser

l'arbre, ou s'il est tombé par intervalle une pluie bienfaisante.

Il arrive quelquefois que lorsque l'opération n'a pas été faite dans des circonstances favorables, comme quand l'arbre n'est pas assez en sève ou qu'il l'est trop, quand l'année a été trop sèche ou l'arbre malade, il arrive, disons-nous, que la greffe ne paraît pas pousser du tout ; quoique aglutinée, elle reste comme endormie. Si on l'égratigne légèrement, on s'aperçoit cependant qu'elle est verte. Il ne faut point en désespérer ; elle poussera au printemps d'après, ce qui dispensera de revenir à l'œuvre ; ce n'est qu'un retard. Il faut seulement dans ces cas garantir l'écusson indolent des ardeurs du soleil par quelques branchages.

Les anciens greffaient aussi les oliviers sur les racines, et ces plants ne donnaient plus de rejetons sauvages, ce qui est d'un grand avantage quand on se propose la multiplication ; la bonne espèce est toute formée, c'est la mère souche qui la fournit. C'est dans ces vues sans doute que les auteurs praticiens, qui ont eu à greffer de jeunes plants sauvageons mis en pépinière, ont recommandé de les greffer bas et de les replanter plus bas que la greffe, afin, disent-ils, qu'au cas que la gelée fasse périr ces arbres ils puissent repousser du tronc.

CHAPITRE VII.

MULTIPLICATION DE L'OLIVIER.

Jam , quæ seminibus jactis se sustulit , arbos
Tarda venit , seris factura nepotibus umbram.
(VIRGILE , *Géorgiques.*)

Tout arbre , toute plante porte un fruit ou une semence , laquelle , parvenue à maturité , mise en terre convenable , et sous un ciel propice , produit une plante de la même espèce. C'est le moyen le plus simple et le plus naturel de multiplier une espèce quelconque ; l'art a su trouver d'autres moyens , souvent plus sûrs et plus expéditifs : ce sont les rejetons , les marcottes , les boutures , la greffe , etc.

SEMIS DE L'OLIVIER.

La multiplication de l'olivier par le fruit ou la semence a presque été déniée par des écrivains qui font autorité en agriculture , ou au moins cette re-

production a été jugée si lente qu'il a semblé puéril
d'y recourir. Olivier de Serres, pour exprimer la
lenteur que met l'olivier à venir par ce moyen , dit
que cet arbre se perpétue par ses neveux , ce que
déjà Virgile avait dit dans les *Géorgiques*.

Selon Charles Etienne et Liébault *(Ancienne
maison rustique)*, c'était chose et temps perdus que
« semer l'olivier de ses os et de ses noyaux »
Amoureux , auteur d'un excellent *Traité de la
culture de l'olivier* , publié en 1784 , après avoir
presque révoqué en doute la reproduction de l'olivier
par sa semence , affirme que « ce moyen est d'une
lenteur extrême et peu pratique, puisque, sur plus de
deux cents oliviers semés par lui dans des pots et
en pleine terre, il n'en a pas vu lever plus de deux
ou trois. Cet auteur dit pourtant que, dans la Grèce
et chez les anciens, il devait y avoir une semence plus
hâtive que la nôtre , « à moins qu'ils semassent les
olives des sauvageons , dont la pousse, entée la
deuxième année, puis transplantée peut-être l'année
suivante, pouvait enfin donner quelques fruits dans la
huitième année ! »

Plusieurs agronomes distingués cependant n'ont
pas hésité à tenter des essais qui ont donné des
résultats sérieux, mais seulement pour les amateurs.

Tout en nous gardant de conseiller la multiplication de l'olivier par la semence, nous ne voulons pas négliger d'indiquer, parmi les méthodes de semis, la pratique de M. Gasquet de Lorgues (du Var), le premier qui s'en soit occupé, et surtout celle, plus rationnelle, de M. Henri Laure.

M. Gasquet, après avoir, en premier lieu, semé des noyaux d'olives, seulement débarrassés de leur chair, sans obtenir de résultat appréciable, partit de ce raisonnement : que si les olives transportées dans des bois paraissent germer avec plus de facilité, c'est qu'ayant été avalées, soit par des animaux ruminants, soit par des oiseaux, le noyau en avait dû être rejeté, après un séjour plus ou moins long dans le premier estomac, entièrement net de sa chair et de sa partie huileuse ; cette dernière surtout devant certainement, quand le noyau n'en est pas entièrement dépouillé, empêcher l'infiltration de toute humidité à travers le bois. Or, sans cette infiltration point de gonflement de l'amande, point de rupture de noyau, par conséquent point de germination. M. Gasquet chercha donc un moyen propre à faire disparaître jusqu'à la dernière parcelle huileuse dont le noyau de l'olive est toujours empreint. Après divers essais, inutiles à rapporter ici, il réussit à obtenir de jolis plants d'olivier qu'il n'y avait plus qu'à soigner.

M. Henri Laure procède ainsi : après avoir choisi des olives arrivées au dernier terme de la maturité et point piquées ou tachées, il les précipite dans un baquet plein d'eau. Après un séjour plus ou moins long, la pulpe des olives se décompose, ce qui en facilite l'enlèvement, qu'il achève à l'aide d'une lourde brique sur laquelle il les frotte. Il les lave ensuite jusqu'à ce qu'ils soient nets et parfaitement dépouillés de leur chair ; il verse alors dessus un lessif de chaux et de cendres, ou mieux encore de la chaux vive mise en poudre ; les noyaux sont de nouveau lavés dans de l'eau pure : ils sont alors en état d'être semés. « S'il était possible, dit M. Laure, de briser le noyau de manière que l'amande ne souffrit pas de la secousse (1), on pourrait, en février ou en mars, mettre en terre ces noyaux ainsi brisés, et le germe ne tarderait pas à se montrer. Mais presque toujours la brisure du noyau entraîne celle de l'amande. C'est pourquoi l'on préfère ne les semer qu'en octobre ; si l'on gardait ces noyaux ainsi préparés jusqu'à cette époque, sans aucune précaution, et sans les abriter

----

(1) La Société d'horticulture d'Avignon, il y a quelques années, a récompensé un petit mécanisme qui casse le noyau de l'olive sans endommager l'amande ou germe.

du contact de l'air, l'amande se rancirait, et par ce
fait elle perdrait sa faculté germinative. Il faut donc
de toute nécessité placer ces noyaux de manière
que l'air ne puisse avoir aucune action sur l'amande.
A la fin d'octobre, on met ces noyaux dans des
rigoles ouvertes sur un terrain préparé. Comme il
arrive bien souvent que les noyaux sont en partie
privés d'amandes, on les place tout près les uns
des autres. On les recouvre d'un ou deux pouces de
terre, et de suite après, pour garantir du froid le
germe d'abord et les jeunes plants ensuite, on répand
des feuilles mortes ou de la litière sur le terrain.
S'il était trop sec, par manque de pluie, il serait
bien de verser quelques arrosoirs d'eau sur le semis,
afin de donner à la terre la fraîcheur nécessaire à
la conservation et à la germination des amandes. »

Nous avons nous-même vu, dans l'Ardèche, des
plantations obtenues par des procédés de semis
analogues à ceux de MM. Gasquet et Laure, notamment celles de M. de Bernardy ; nous en avons vu
aussi à Grasse et aux îles d'Hyères, et celles-là étaient
prêtes à être greffées ; le résultat était satisfaisant
sans doute... mais il avait demandé sept ans !

La Société centrale d'agriculture de France et la
Société d'encouragement ont toutes deux institué
des prix pour le meilleur procédé à trouver d'un

semis de l'olivier ; jusqu'ici , aucun prix n'a été décerné , mais seulement des médailles et des mentions honorables. De nombreux essais ont été faits , mais le but est loin d'être atteint.

Pour nous , il nous paraîtra toujours préférable, tant sous le rapport économique que sous celui de la certitude , de recourir à la plantation des rejetons marcottes et boutures.

Voici comment nous procédons :

PLANTATION DE L'OLIVIER.

On doit distinguer trois sortes de plantations. La première est celle du sujet élevé dans les pépinières; la deuxième, du sujet qui croît au pied des arbres ou des racines ; la dernière , celle des arbres déjà formés, et que l'on transplante d'un lieu dans un autre.

Pour planter un jeune olivier il faut d'abord faire un trou de soixante-dix à quatre-vingts centimètres de profondeur, sur quatre-vingt à cent dix centimètres de largeur , bien nettoyer la terre des anciennes racines qui peuvent nuire à la végétation. Après s'être bien assuré que la terre n'est pas chargée d'argiles , de sulfate de fer , d'argent ou de chaux , on enfouit le jeune plant dans dix ou douze centimètres de terre meuble, en ayant soin que les racines ainsi que la chevelure soient très-bien couvertes : au fur et à mesure que l'on couvre le jeune plant, on le soulève et on lui imprime de petites secousses, afin que la terre meuble s'insinue mieux entre les racines. On tasse la terre meuble avec les pieds , afin de ne pas laisser de cavité où l'air puisse agir sur la racine. Une certaine distance devra toujours être laissée entre les plants ou arbres.

Pour un arbre, on procèdera de la même façon ; seulement , on aura soin de couper les racines endommagées. Que l'arbre ou le plant soient plantés avant , pendant ou après l'hiver , il est prudent de jeter sur la fosse une masse d'eau pour obliger la terre à se tasser et faire corps avec les racines.

Vers le commencement d'avril , on déchausse l'arbre , c'est-à-dire qu'on le découvrira pour le mettre en contact avec l'air ; il restera ainsi les mois d'avril et de mai, afin qu'il puisse recevoir la pluie qui tombe habituellement pendant ces deux mois. En juin , si l'on ne peut ou ne veut l'arroser, on recouvrira avec soin le jeune plant de sa terre pour qu'il garde son humidité. En septembre, on déchaussera le nouvel olivier pour enfouir du fumier tout autour , sur une épaisseur de quinze à vingt centimètres , mais en ayant soin que le fumier ne touche ni le tronc ni les racines. (Voir l'article *Fumure*). Que le plant soit gros ou petit, on doit faire cette même opération pendant deux ou trois années consécutives pour obtenir du fruit.

L'opinion de Pline et de Columelle est qu'on doit planter l'olivier en novembre ou en décembre. En Italie, en Espagne et en Portugal, on suit toujours cette coutume ; mais nos cultivateurs, sans doute pour ne pas faire courir à l'olivier la chance d'un hiver rigoureux, plantent plus volontiers après les grands froids, à la fin de février, ou plutôt en mars.

On a vivement débattu la question de savoir quelle distance devait être laissée entre chacun des oliviers. S'il s'agit de créer un verger ou une olivette dans un terrain non accidenté, où la charrue puisse facilement fonctionner, l'espacement pourra mesurer six et même huit mètres entre chaque plant, soit deux cents à deux cent dix pieds d'olivier par hectare ; mais si le prix de la main-d'œuvre est élevé, si les ouvriers sont rares, ou si encore le terrain n'est pas propice, ou s'il est peu étendu, il faudra se résoudre à moins grande distance. Dans les départements du Gard, de l'Hérault et de l'Ardèche, il n'y a rien de bien fixé à cet égard ; de même l'on comprend que l'on ne puisse planter régulièrement dans un territoire rocailleux, où l'on utilise même des fissures de rochers, et où l'on trouve à peine de la terre pour recouvrir les racines. Autour des petits mazets et des bastides, on plante selon le terrain et les effets pittoresques à produire.

Dans certaines contrées, on associe les oliviers avec la vigne; dans ce cas, on doit tenir les oliviers fortement espacés les uns des autres, puis aussi les vignes, afin que les pampres et les vrilles de celle-ci n'étouffent pas l'arbre; et si ce fait a lieu, il faut doucement couper les sarments au lieu de les arracher.

Dans les Bouches-du-Rhône et dans le Var, on laisse cinq à six mètres de distance entre les plants, selon qu'on les cultive à bras ou au labour. En somme, ce sont les circonstances locales qui doivent plus particulièrement déterminer la distance à donner entre les plants.

Maintenant que nous avons indiqué notre préférence et notre méthode pour la multiplication de l'olivier par la plantation, on nous demandera sans doute où, comment et à quel prix nous aurons eu suffisante quantité des plants pour créer des pépinières. Ici commence notre embarras. Nous avons dit que le sauvageon, convenablement traité, était le véritable générateur de l'olivier d'Europe; or, le sauvageon est, nous l'avons dit aussi, fort long à lever ; il ne se trouve que dans des lieux incultes, et toutes les contrées heureusement ne sont pas affligées de terrains de cette espèce , car le progrès tend tous les jours à conquérir sur la nature les espaces improductifs. Ces causes rendent donc le plant de l'olivier assez cher, et la progression rapide de son prix démontre que si le plant est le moyen le plus rationnel de multiplier l'olivier, ce n'est pas le plus économique. En effet, le marquis de Pennes, en 1768 , écrivait que le plant qui , trente ans auparavant, était abondant à Aix , au prix de six sous , lui revenait à vingt-quatre sous ; Amoureux , en 1784 , dit en avoir payé jusqu'à trente-cinq sous , ce qu'il trouve exorbitant. M. de Gasparin , en 1818, portait à 2 fr. 25 c. en moyenne les plants achetés dans les vergers d'attente. Ces prix sont loin d'avoir diminué.

Voici quelques moyens à l'aide desquels on peut se procurer des plants plus économiquement :

Il suffit, pour se procurer des plants d'olivier, de laisser grandir les péteaux ou rejetons qui s'écartent du pied des arbres ; ou de couper sous terre de vieux troncs , de couvrir de fumier et de terre leur souche pour en voir sortir une pépinière de rejetons qu'on laisse tous ensemble pendant la première année. On choisit ensuite , sur chaque cépée , trois ou quatre pousses ou davantage , de celles qui ont la plus belle apparence : on détruit les autres pour laisser croître et prospérer celles-ci. On laisse grandir avec tous leurs rameaux jusqu'à la troisième année , ensuite on coupe les rameaux les plus bas , on fait cette opération proprement et sans déchirure, laissant trois ou quatre rameaux seulement au sommet de la tige. On obtient ainsi en quelques années des plants assez forts pour être transplantés.

Voici un autre moyen usité en Toscane , il est aussi indiqué par les écrivains géoponiques ; je l'ai expérimenté avec succès.

On choisit des branches d'olivier bien saines , de la longueur d'un mètre au plus et de cinq à six centimètres de diamètre , on enfonce de trois à quatre centimètres de leur longueur , ces branches en terre , et on les taille ensuite à ras du sol. On recouvre de mastic , de poix ou de goudron ce qui ressort de ces branches , afin de les préserver de l'humidité et du contact de l'air. Cette branche ne tarde pas à produire des racines et de jeunes sujets.

Quant aux vieux oliviers , c'est une folie insigne que de les arracher pour les brûler , puisqu'ils peuvent fournir indéfiniment de jeunes pousses. En effet , n'a-t-on pas observé que chaque fois que par hasard ou volonté , l'olivier reçoit une blessure , il jette un germe... Eh! bien, pour si vieux que paraisse un olivier, en le coupant à ras terre et laissant subsister ses racines, en éclatant même sa souche, on est assuré qu'il reproduira plusieurs jets, et ce sont là de boutures de jeunes plants : cette faculté reproductive était connue des anciens, ainsi que le prouvent ces vers de Virgile (*Géorgiques?*)

> Quin et caudicibus sectis, mirabile dictu,
> Truditur e sicco radix oleagina ligno.

Que Delisle a traduits ainsi :

> Un avide olivier surpassant ces prodiges
> Des éclats d'un vieux tronc pousse de jeunes tiges.

Dans le Var, où la température est élevée, ces bourgeons sont recherchés ; ainsi dans les Bouches-du-Rhône, aux environs de Marseille, à Salon, à Mossane et dans les montagnes, on recueille les bourgeons sur l'amande, et plus particulièrement ceux qui sortent des racines ou de leurs collets; ces derniers pouvant être employés instantanément. J'ai toujours observé que plus on laisse la tige longue, et moins on est assuré de la réussite. Les tiges ou branches doivent être coupées à quatre ou cinq pouces au-dessus du sol, et la coupure immédiatement recouverte d'onguent dit de saint Fiacre.

Nous avons indiqué comment les rejetons devenaient de jeunes plants, et comment le plant, sorti de la pépinière, doit être mis en terre pour devenir jeune arbre. Disons , maintenant qu'il a fait bonne reprise , comment il va végéter :

C'est au mois d'avril que l'olivier commence à entrer en sève ; l'écorce est soulevée en divers points , mais sans ordre ; il en perce une infinité de bourgeons entassés par bouquets , qui sont les rudiments d'autant de jets qui formeront des faisceaux , ou les premières branches de l'arbre. Le cultivateur attentif visite de temps en temps ses élèves ; il abat les bourgeons inutiles et mal placés le long du tronc , et n'en laisse que cinq ou six vers l'extrémité. Plus l'arbre est fort, plus il est prodigue de ces bourgeons : ce ne sera donc que l'année d'après qu'on commencera à régler le nombre et l'arrangement des premières branches du nouvel arbre.

La seconde année de la plantation, vers la même époque, ou un peu plus tôt, on voit l'olivier bourgeonner de nouveau ; mais cette fois , c'est moins en crevant sa peau pour fournir d'autres bourgeons, qu'en prolongeant ses faisceaux , et se ramifiant par les côtés. S'il sort de nouveaux bourgeons, on les abattra, et on ne laissera subsister que trois ou quatre branches. Les progrès de l'olivier seront rapides, s'il est fort, d'un plant choisi et mis en

bon terrain ; s'il n'a pas souffert de la sécheresse,
s'il a été arrosé et labouré à propos. Chaque année,
on retranchera quelque chose des branches latérales
qui jetteraient trop de confusion, et l'on arrêtera
les montantes, en les pinçant par l'extrémité.

En cinq ou six ans, un tel arbre aura acquis sa
forme, et en dix ou douze, il pourra travailler
avec fruit pour son maître ; j'en ai vu fleurir quelquefois dès la troisième ou quatrième année de la
transplantation, et porter quelques olives ; je parle,
bien entendu, des gros arbres, et non des petits
plants.

CHAPITRE VIII.

MALADIES ET ACCIDENTS

QUI COMPROMETTENT L'OLIVIER ET SON FRUIT.

Moyens Préventifs et Curatifs.

Les oliviers, comme tous les autres arbres à fruit , sont sujets à diverses maladies, dont les symptômes et le traitement sont peu différents ; nous ne nous occuperons , néanmoins ici, que des maladies spéciales à notre arbuste.

Absolument, on pourrait établir que les maladies qui frappent l'olivier , à l'exception de celles qui proviennent d'un terroir impropre ou d'une exposition contraire , ressortent à la vie végétative assujettie à l'intempérie des saisons ; néanmoins, nous avons préféré en former deux catégories :

1º Celles qui proviennent du terroir , de l'exposition de la vie végétative, sur laquelle influe, d'une façon si souveraine, la succession des saisons ; enfin, des accidents que produisent la main de l'homme ou la dent des animaux ;

2º Les maladies inoculées à l'arbre ou à son fruit par des insectes de diverses espèces.

Aucun procédé, aucun moyen ne peut combattre les effets d'une exposition contraire à la végétation de l'arbre. Quant au terroir impropre par ses qualités à faire prospérer l'olivier, ou il le faut amodier par les moyens divers que nous avons indiqués successivement, ou renoncer à cette culture. — Restent donc les maladies de la vie végétative, celles qu'amène l'intempérie des saisons ; enfin, celles qu'amène la dent des animaux ou la main malveillante ou maladroite de l'homme.

Nous ne nous arrêterons pas à ces dernières causes, toutes évitables avec un peu de vigilance. Relevons cependant une erreur qui n'a, il est vrai, cours que dans les villes, mais que l'homme qui vit aux champs ne saurait admettre ; cette erreur consiste à dire que les animaux et les oiseaux s'abstiennent de toucher à l'olivier et à son fruit, dont le goût les rebute. Un poète a dit, en parlant de l'olivier :

> Leur amertume assure leur défense ;
> Ils portent dans leur sein les traits de leur vengeance.

Deux maitres en agriculture, et que la science moderne a peu surpassés : Charles Estienne et son gendre Liébault, ont aussi écrit, dans l'ancienne *Maison rustique,* que « la vermine ne s'attachait point à l'olivier et à son fruit, à cause de sa grande amertume. » C'est là une erreur manifeste, dans laquelle n'étaient pas tombés les anciens ; ils avaient classé et donné des noms aux maladies qui résultent de la dent des animaux et des insectes picoreurs.

DE LA GELÉE

ET DE QUELQUES PALLIATIFS POUR EN AMOINDRIR LES TERRIBLES EFFETS.

Le froid, arrivant à la congélation, est le plus redoutable de tous les accidents atmosphériques qui peuvent atteindre les arbres à fruit : l'olivier y est plus sensible qu'aucun autre. En effet, dépouillés, pour la plupart, en hiver, de leurs feuilles, la végétation est alors dans la plupart des arbres comme suspendue ; l'olivier, au contraire, qui produit des feuilles constamment, est très-sensible au froid ; aussi, toutes les fois qu'on voit le thermomètre descendre à plus de 7 ou 8 degrés au-dessous de zéro, on doit s'attendre à ce que les oliviers seront plus ou moins atteints.

On sera curieux sans doute de voir rappeler quelles années ont été les plus fatales à l'olivier. Bernard , Amoureux et Henri Laur , dans leurs excellents livres, ont relevé ces dates néfastes. Voici les principales : en 1323 , la Méditerranée fut entièrement couverte de glaces , dit un écrivain Marseillais; en 1390 , il y eut un hiver rigoureux à Nice , et l'on ne put recueillir ni oranges ni olives. Les historiens du Languedoc rapportent que les oliviers de cette province périrent pendant les rigoureux hivers de 1450 et de 1476. En 1589 , où le Rhône put porter sur la glace des charrettes et un parc d'artillerie , tous les oliviers gelèrent. Selon Ruffi , ancien historien de Marseille , l'hiver de 1507 fut des plus rudes : les oliviers furent grandement endommagés. En Provence , comme en Languedoc , ils le furent aussi en 1564. En Italie , ce fut en 1510 que les oliviers moururent , selon Vettori. L'hiver de 1601 fut très-rude ; celui de 1608 , que Mézeray et tous les historiens de ce temps ont appelé le grand hiver , est un des plus mémorables pour la perte des oliviers. En 1621 et 1622, époque à laquelle le thermomètre fut inventé , on marqua 16 , 17 et même 19 degrés ; à Cette et à Marseille, les grains gelèrent dans les sillons, et presque tous les oliviers furent perdus dans le Midi.

L'an 1664 fut aussi contraire à notre arbre, l'hiver en 1665 fut assez rude en Provence pour faire périr quelques mille pieds d'oliviers. La mortalité fut plus grande encore en 1709. En 1716, on sait que la Seine fut prise durant vingt-cinq jours, et que le thermomètre descendit jusqu'à 23 et 24 degrés Réaumur. Les oliviers qui échappèrent à ce fléau en furent si maltraités, qu'ils restèrent six ou sept ans sans porter d'olives. Il en périt beaucoup de Narbonne à Montpellier, en 1740, 1745, 1748, 1749, 1766, 1767 et 1768 ; cette dernière année surtout fut appelée la *terrible* ; les oliviers d'Aramon, sur les bords du Rhône et dans le voisinage de la partie occidentale, reçurent le plus grand préjudice. La Provence et le Comtat-Venaissin n'eurent pas moins de pertes à déplorer. Il en périt beaucoup encore aux environs d'Aix, en 1760 et 1770. Ce n'est qu'aux abondantes pluies de 1772 et 1775, qu'on dut leur rétablissement et les bonnes récoltes qui se sont ensuivies. En 1776, on craignit de voir renouveler le grand hiver : les pertes, quoique néanmoins importantes, ne furent pas si grandes. L'hiver de 1756 et 1757 fit périr plusieurs milliers d'oliviers aux environs d'Alep, quoique dans un climat bien plus chaud que le nôtre.

Nous retrouvons de pareils désastres en 1789 et 1794 (1), 1812 (2), 1819, 1824, 1829, 1830, 1843, 1849, 1855.

Dans ces dernières années, cependant, grâce aux progrès de la science qui avait indiqué et propagé quelques moyens préventifs ou réparateurs, les pertes en oliviers ne furent pas aussi considérables que dans les deux derniers siècles. Espérons que la multiplication des olivettes, une culture mieux entendue, plus soigneuse, diminueront, d'année en année, les ravages que peut causer l'abaissement de la température sur notre précieux arbuste.

Il résulte d'observations répétées et aujourd'hui incontestées, que plus les froids tardent à se montrer, plus longtemps les oliviers continuent à végéter, et plus ils sont en danger d'être atteints par les gelées qui se font sentir subitement. Ces arbres, en effet, n'étant pas préparés au changement instantané de température, se trouvent surpris en pleine végétation. La sève s'arrête et gèle dans les vaisseaux où elle circule ; ces vaisseaux sont déchirés par le fait de la contraction, et l'existence

---

(1) En cette année, on put inscrire dans les fastes militaires un fait inouï : la cavalerie française attaqua et prit la flotte hollandaise, retenue par les glaces du Texel.

(2) Année de la désastreuse campagne de Russie.

du sujet est gravement compromise. Un exemple
de ces brusques et funestes revirements se produisit
en janvier 1820 : après une température des plus
douces, durant tout le mois de décembre, survint
un refroidissement subit, et, trois jours après, le
11 janvier, le thermomètre marquait, à six heures
du matin, de 10 à 12 degrés au-dessous de zéro.
On conçoit quel ravage produisit ce froid sur la sève
des oliviers. Le mal, en effet, fut à son comble, et
il fallait remonter à 1709 pour retrouver les traces
d'un pareil désastre. Tous les oliviers qui se
trouvèrent placés aux bonnes expositions, ceux
qui étaient les mieux cultivés, les mieux fumés,
furent complétement gelés. Presque tous périrent ;
un contraste qui s'explique parfaitement se mani-
festa : les oliviers les plus exposés au Nord, ceux
qui étaient mal tenus, résistèrent en partie, et le
plus grand nombre d'entre eux ne fut frappé par la
gelée que dans ses branches.

L'hiver de 1830, qui fut plus rigoureux, eut
cependant des effets moins meurtriers, parce que
le froid, qui s'était fait sentir dès novembre
1829, avait augmenté graduellement pour finir en
mars 1830, de manière que la sève des oliviers,
ralentissant son action au commencement de l'hiver,
au fur et à mesure que s'abaissait la température,

était devenue fixe pendant la gelée et n'avait repris son cours ascensionnel que vers le printemps.

C'est assez nous étendre sur les désastres causés par l'inclémence des saisons. Venons aux moyens , sinon de préserver nos arbres du froid rigoureux, du moins indiquons quelques pratiques propres à atténuer les effets de la gelée.

Tout n'est pas perdu cependant , parce que la gelée aura passé avec rigueur sur une contrée : on pourra souvent sauver du désastre bien des arbres qu'au premier coup d'œil on a jugés bon à faire du feu. Qu'on ne suive pas à l'étourdie le déplorable exemple de ce village des environs d'Aix , qui , en 1790 , croyant tous ses oliviers gelés , les arracha pour se livrer à la culture des céréales et du mûrier. Les paysans vendirent pour plus de bois à brûler que leurs fonds ne valaient... mais il restait de racines, qui poussèrent des rejetons ; la curiosité en laissa croître quelques-uns : six ans après , c'étaient de jolis arbres, qui portaient d'excellents fruits. Tout le monde regretta les oliviers gelés arrachés, vendus au bois à brûler ; mais il était trop tard !

Lorsqu'une de ces gelées , malheureusement trop communes depuis quelques années dans le Midi de la France, aura succédé à une température modérée, il faudra , aussitôt que faire se pourra , visiter minutieusement les oliviers, pour constater la somme et les degrés du mal qu'ils ont éprouvés.

On rangera les arbres en trois classes :

Dans la *première* seront placés ceux dans lesquels, à l'exception des racines, tout principe de végétation est éteint, ce que l'on reconnaîtra aux marques suivantes : le bois, l'aubier et l'intérieur de l'écorce de ces oliviers affectent d'abord une couleur jaune très-prononcée, due au déchirement des vaisseaux séveux et à l'extravasion générale du liquide, qui, bientôt épaissit, se nuance de plus en plus au noir et dégage enfin une odeur désagréable ; ces arbres doivent être récépés le plus tôt possible, afin d'éviter que le tronc mort soit encore un détournement et un appel de la sève, qu'il est indispensable de laisser aux pousses nouvelles qui surgiront des racines ; on ne devra pas toucher, dans la première année, à ces nouvelles pousses elles-mêmes.

Parmi les oliviers récépés pour cause d'entière gelée, quelques-uns donneront sans doute de rejets francs, mais le plus grand nombre ne produira que des sauvageons. Dans le mois d'août de la seconde année, on greffera, en écusson et à œil dormant, dix à douze des plus vigoureux rejets ; puis, dans le mois de mai d'après, on greffera ceux dont l'œil dormant se sera desséché, et l'on coupera en même temps, à quelques centimètres au-dessus de ce même œil, les tiges de ceux dont la greffe a réussi et dont l'œil est prêt à pousser.

La *seconde classe* se composera des arbres dont les organes végétatifs sont en partie détruits, dont l'existence est encore incertaine : tels sont ceux dont le bois et l'aubier n'ont pas été endommagés, mais dont les lames intérieures du liber sont plus ou moins colorées en jaune, sinon dans toute la circonférence du tronc, du moins dans la plus grande portion (ce sont les oliviers surpris en sève par la gelée qui sont dans cet état.) La sève de ces arbres ne circule qu'imparfaitement ; après avoir parcouru un certain trajet dans les branches et produit des feuilles et même des fleurs, elle s'arrête au point qui a été frappé par la gelée et y forme des tubérosités : le sujet alors tombe en langueur. Il se maintient d'autant plus longtemps, mais sans profit, dans cet état, que la lutte entre ses parties mortes et la sève que celle-ci cherche à franchir rencontre plus d'obstacles... Ces arbres, comme ceux de la première classe, doivent aussi être récépés pour les forcer à pousser au pied des jets qui deviendront d'autant plus gros qu'ils recevront toute la sève fournie par les racines.

Ces rejets seront traités comme ceux des arbres récépés de suite après le froid ; mais on remarquera que ces derniers rejets, toutes choses égales d'ailleurs, n'auront pas la vigueur de ceux venus autour des pieds coupés un an auparavant.

La *troisième classe* se compose des oliviers qui ont été maltraités par le froid, mais dont la végétation est assurée, quoique devant être d'une activité bien différente, comparés les uns aux autres. Ces arbres sont ceux qui n'ont été atteints par la gelée que légèrement, et souvent sur un seul aspect, celui du Nord, le moins vigoureux ;—ceux dont le tronc n'a pas souffert, mais dont les branches et les rameaux ont été endommagés, et finalement ceux dont l'épiderme se détache du liber sur les rameaux de deux ou trois ans, ou encore ceux dont les feuilles seulement sont tombées. On conçoit que les oliviers qui manifestent ces divers degrés de souffrance, sont néanmoins pleins d'espérance encore, et ne demandent que des précautions ; on les soignera donc, tout comme ceux qui ont résisté aux rigueurs de la saison, c'est-à-dire qu'ils seront labourés, houés, fumés, et, en tout, traités comme les oliviers bien portants : mais seulement, on ne les débarrassera des rejets et des gourmands qu'ils auront poussés, qu'après

la deuxième ou la troisième année, selon l'apparence
qu'ils présenteront, et toujours vers la fin de l'été,
alors qu'ils seront couverts d'un abondant feuillage ;
on n'en élaguera que les branches absolument parasites. Ne l'oublions pas, les oliviers qui ont été plus
ou moins gelés, sont semblables à un homme qui
sortirait d'une maladie grave et presque mortelle : ils
ont besoin d'un long repos pour se remettre du mal
qu'ils ont éprouvé. Une seule année ne suffit pas
pour que ces arbres soient en état de supporter
une taille rigoureuse, sans en plus ou moins
souffrir.

De ce que nous venons de dire sur les oliviers
atteints par la gelée, on peut en former le précepte
suivant :

Récépez de suite les oliviers dont vous aurez
bien certainement reconnu la mortalité, et ne taillez
que deux ans après le froid ceux qui donneront
des signes certains d'une bonne et saine végétation.

Notre théorie générale est celle-ci : le froid, en
coagulant la sève aux points où il sévit, arrête et
bouche la circulation ; la sève, qui continue de se
produire sur d'autres points, s'accumule : que survienne un adoucissement dans la température,
aussitôt une exagération végétative s'empare du
sujet, et alors il peut périr d'engorgement. Or,

l'olivier ayant subi le froid à l'extérieur, c'est-à-dire hors de terre, cet engorgement ne peut se produire qu'au pied , aux racines de l'arbre ; c'est pourquoi il est inutile et souvent nuisible , dans le cas de gelée déterminée , de répandre de l'engrais sur le pied ou dans le voisinage de l'olivier ; car on activerait une végétation qui a besoin de se produire lentement , naturellement , selon la force restée au sujet.

Nos dernières indications , pour le traitement des oliviers possibles à sauver , sont celles-ci :

On donnera deux labours : l'un en mars , et l'autre en juin ; un simple houage autour du pied , à la fin de l'hiver ; puis deux binages exécutés pendant l'été autour des rejetons, pour les débarrasser du chevelu superficiel.

On commencera, dans le mois de mars, de supprimer une partie des rejetons , et , comme ce retranchement n'aura lieu que successivement et de manière à n'en couper que cinq à six au plus , on répètera plusieurs fois cette opération dans le courant de l'été. Cette suppression des rejets n'étant que partielle , les racines ne s'en ressentiront pas.

L'année d'après on finira de retrancher les derniers rejets , de sorte qu'il ne restera plus , à la troisième année , que dix à douze des plus forts rejets. Ce nombre suffira , parce qu'alors l'étendue des branches et des rameaux sera proportionnée à celle des racines. Quand , par la suite , ces jeunes oliviers se seront développés et seront pourvus de nombreux rameaux , on réduira à trois ou quatre les pieds qui resteront , et l'on pourra planter ailleurs ceux qu'on enlèvera , et auquel on conservera , pour leur réussite , les racines et le chevelu qu'ils auront poussés. Ce retranchement ne se fera, comme celui des rejets, que partiellement, et seulement lorsqu'on s'apercevra que les rameaux se gênent les uns les autres , et qu'ils ne végètent plus avec la même vigueur.

La *neige*, qui est , comme on sait, une forme de la congélation , exerce généralement une action moins redoutable que la gelée sèche , surtout si le vent ne la laisse pas séjourner sur l'arbre , dont la feuillée abondante la retient si facilement. On a proposé de secouer les arbres pour les débarrasser de la neige ; ce moyen nous paraît pire que le mal que l'on veut combattre ; car lorsque la température est basse , les branches de l'olivier sont sèches et cassantes : on mutilerait donc l'olivier pour le débarrasser de la neige !

En l'année 1855, nous pûmes, en quelque sorte, être témoins de deux effets de *verglas* et de *neige* très-contradictoires , et qui méritent d'être rapportés :

Dans la plaine fertile , qui s'étend de Nimes à Valergues , et qui mesure 35 à 40 kilomètres de longueur sur 4 à 5 kilomètres de largeur , plaine dominée et abritée par une chaîne de montagnes couvertes de vignes et d'oliviers , le vingt janvier 1855 , vers cinq à six heures du matin , une pluie froide , qui bientôt se changea en un épais verglas, obscurcit l'atmosphère. Toutes les plantations en furent couvertes ; le vent du nord souffla, mais pas assez cependant pour agiter les arbustes et empêcher la glace de se fixer. Le thermomètre était descendu à 10 degrés : nos pertes furent considérables ; la plupart des oliviers et quelques vignes furent détruits.

Dans les mêmes temps , dans les mêmes jours , d'Antibes à Perpignan , dans une région qui comporte 550 kilomètres de longueur sur 150 kilomètres de largeur , malgré 15 à 20 centimètres de neige étendue sur la terre , les oliviers, les vignes et tous les arbres à fruit, ne gelèrent pas.

C'est là un de ces phénomènes atmosphériques qui étonnent et qui ne trouvent pas toujours une explication facile. Essayons , cependant :

Les oliviers et les arbres à fruit plantés de

Nimes à Valergues, et au Nord , reçurent presque constamment le souffle de la brise ; mais la brise était faible et les arbustes gros , inflexibles ; le verglas put se fixer et congeler la sève.

D'Antibes à Marseille , au contraire, la neige , sous l'influence du souffle du Nord, ne put se maintenir sur les arbustes toujours en mouvement , ce qui empêcha la froidure d'exercer son action funeste sur les arbres.

Voilà , selon nous , l'explication d'un effet si différent dans deux contrées dont la température n'a pas eu de différence sensible.

Nous rappellerons , pour terminer ce que nous avions à dire sur les effets d'un froid rigoureux sur l'olivier, qu'à l'article *fumure* nous avons indiqué un moyen , souvent heureux, pour préserver l'arbuste , au moins quant aux racines , de la gelée : c'est de répandre, vers octobre ou novembre, selon l'abaissement de la température , une forte couche de fumier choisi au pied de l'arbre , sans jamais toutefois mettre en contact l'engrais et les racines ; en tous cas , si l'on manque de fumier , une opération toujours utile , souvent préservatrice , sera de chausser le pied de l'arbre avec de la terre.

COULAGE DE LA FLEUR.

On appelle ainsi un accident habituellement produit par certains brouillards ou rosées, qui s'élèvent à l'époque où l'arbre fait fleur , c'est-à-dire en mai et en juin. Ces brouillards ou rosées, qui généralement récèlent un acide , s'abattent sur la fleur et se forment en gouttelettes... vienne un rayon de soleil pour donner un peu d'énergie à l'âcre liquide, et c'en est fait de la fleur : elle est brûlée, comme disent nos cultivateurs.

Le seul remède à cet accident serait une pluie légère qui neutralisât le liquide caustique ; mais on n'a pas cette fortune à volonté, et un arrosage abondant n'est pas toujours facile... On peut encore conjurer une partie du danger du séjour de cette eau acide sur l'arbre , en tenant l'olivier éclairci de feuille , surtout dans son milieu : l'eau s'écoulera toujours plus vite.

LA MOUFFE.

On voit quelquefois , plus souvent en plaine que sur les sols montagneux , des pieds d'oliviers dont la végétation devient languissante, sur lesquels le feuillage jaunit, et qui finissent après plusieurs années par se dessécher et mourir. Si l'on découvre les racines de ces arbres, on les trouve en partie pourries ; on appelle cette maladie la *mouffe*, généralement produite par une humidité permanente provenant d'infiltrations d'eaux stagnantes voisines ou de mouvements de terrain occasionnés par de fortes pluies. Les remèdes les plus sûrs pour guérir les oliviers de la mouffe sont : 1º d'ouvrir au-dessus de l'olivier malade une tranchée ou fossé assez profond pour retenir l'eau et lui donner un écoulement lointain ; 2º de couper, jusqu'au vif, les racines privées de vitalité ; 3º de tailler l'arbre de manière à remettre en équilibre le nombre des rameaux avec celui des racines encore saines.

Mais si l'on ne peut détourner les eaux, il est bien entendu qu'il sera inutile de recourir aux moyens de guérison : l'olivier, dans ce cas, doit mourir.

DES VÉGÉTATIONS PARASITES.

Deux ou trois espèces de mousses s'attachent à l'olivier :

L'une est diffuse ; elle adhère fortement à l'écorce unie et s'y répand par plaques ; elle est jaune ou blanchâtre : c'est un vrai lichen, au-dessous duquel on trouve toujours de l'humidité. Les autres mousses sont rameuses, frangées, blanches, cendrées, et couvrent plus communément l'écorce raboteuse.

Outre que ces plantes parasites vivent de la sève de l'arbre, elles retiennent l'humidité comme des éponges, et, l'hiver, elles offrent une prise à la gelée qui s'y attache; elles nuisent donc doublement à l'olivier. On fera bien de l'en dépouiller tous les ans au printemps, au moyen d'un large couteau émoussé, ou de tout autre outil qui les abatte au pied de l'arbre : on ne saurait croire combien ces mousses font de mal aux arbres ; les anciens s'étaient aperçus qu'ils les rendaient stériles.

Parfois aussi des agarics adhèrent fortement au tronc des oliviers ; ceci est bien d'une autre conséquence que les champignons éphémères qui naissent au pied des arbres. Les agarics présagent une pourriture intérieure qui minera l'arbre si on ne les enlève avec la gouge et les ciseaux.

Les plantes grimpantes, telles que le lierre et la clématite, peuvent faire bien du tort à l'olivier en étouffant sa végétation sous leurs étreintes ; la vigne est dans le même cas : la sagacité du cultivateur saura préserver à temps l'arbuste de ces excès ; nous n'insisterons pas.

DE LA MORFÉE

Cette maladie, connue aujourd'hui sous le nom de *morfée*, est un fléau pour les pays durant les années où elle se montre sur nos oliviers. Elle attaque également les orangers. Les arbres saisis par le noir sont reconnaissables à une matière noire, tantôt friable, tantôt visqueuse et compacte, dont sont couverts l'écorce des branches et des rameaux et la partie verte ou supérieure des feuilles; les fonctions de l'épiderme étant interrompues, la végétation s'affaiblit et l'arbre cesse de donner d'abondantes récoltes d'olives.

Selon Bernard, on donne le nom de *noir*, aux environs d'Aix, à la croûte noire qui recouvre, en automne, les jeunes branches et les feuilles des oliviers qui ont été surchargés de cochenilles au printemps; cette croûte serait formée par la sève qui est extraite par ces insectes et par la poussière apportée par les vents. Pour l'empêcher de naître, il faut détruire les insectes; l'opinion de Bernard paraît moins fondée que celle de deux naturalistes de ces derniers temps : M. l'abbé Loques et M. Risso, habitant l'un et l'autre les environs de Nice, et qui ont reconnu que le noir des oliviers, qui est le même que celui des orangers, est une plante cryptogame, qu'ils désignent ; le premier, la considérant comme une mousse, sous le nom de *mucor minimus niger* ; et le second, la regardant comme un byssus, sous celui de *dœmatium monophilium*. Il n'y a rien de surprenant, en effet, que le noir des oliviers soit une production végétale. Le charbon et la carie des céréales, aussi nommés vulgairement *le noir*, ne sont-ils pas également des plantes ?

Lardier, qui n'admet pas non plus que le noir soit produit par le passage du kermès sur l'olivier, a conseillé, pour le détruire, de frotter, à l'aide d'une brosse douce, trempée dans de l'eau de chaux, la partie de l'arbre recouverte de la morfée. Ce moyen sera rejeté d'abord pour sa lenteur, ensuite pour l'impossibilité de le pratiquer partout. Notre avis est qu'il suffira, pour faire disparaître le noir, d'une simple aspersion d'eau de chaux, à l'aide d'une pompe plus ou moins puissante, aussitôt que l'on s'apercevra de la présence ou même de l'apparence de la maladie. Cette opération se fera plus volontiers après le coucher du soleil, et le liquide sera froid, glacé même, si c'est possible. Pour cette maladie, comme pour presque toutes , on tiendra l'arbre bien aéré ; car nous avons remarqué que les oliviers et les orangers très-touffus placés contre les murs sont plus fréquemment attaqués par la morfée , que ceux qui poussent en pleine terre , et dont le milieu du feuillu a été élagué.

CHAPITRE IX.

DES INSECTES

QUI ATTAQUENT L'OLIVIER ET SON FRUIT.

Plusieurs espèces d'insectes font pâture de l'olivier ;
les anciens en ont désigné quelques-uns ; ils ont
signalé leurs ravages et indiqué des moyens plus ou
moins efficaces de se délivrer de cette vermine. Des
écrivains modernes ont pris le soin minutieux de
dresser des nomenclatures de ces insectes. Ces
travaux, fort bien faits, ont cependant un médiocre
intérêt pour le cultivateur, qui n'a guère le temps
de rechercher à quels caractères on reconnait l'*ara-
nion* dont nous a parlé Pline d'avec la *psylle*
décrite par le savant Bernard, et quelle différence
il y a entre l'*hyllerinus olea* et notre *kaïroun* de
Provence. Ce qu'il faut au travailleur des champs,
ce sont quelques notions générales, bien claires, et
auxquelles il puisse reconnaitre ces infimes, mais
pourtant redoutables ennemis, qui minent incessam-

ment ce qu'il édifie si péniblement, et qui parfois même parviennent, les variations de température aidant, à ruiner ses plus chères espérances.

Partant de ce point de vue, nous avons ramené tous les insectes ennemis de l'olivier à quelques types généraux ; nous avons cherché à expliquer autant que possible leur forme, leurs mœurs, leur action destructive ; puis nous avons indiqué les moyens, ou plutôt le moyen le plus efficace pour les détruire, sinon immédiatement, du moins d'atténuer considérablement leurs ravages.

Voici ce résumé :

§ Ier.

Insectes qui attaquent l'arbre.

1º Le bostriche *(hyllerinus olea)*, en provençal *kaïroun*, qu'on appelle aussi *vrillette*, probablement à cause de la forme de l'insecte et de l'aspect du trou qu'il fait sur l'arbre, est un gros ver en forme de vrille, qui s'introduit dans les racines ; l'arbre mort, le bostriche ne l'abandonne que lorsqu'il n'y trouve plus de subsistance. On croit cet insecte produit par les putréfactions terrestres, surtout par le fumier ; c'est pourquoi il importe, lorsqu'on déchausse le pied de l'arbre, soit pour le mettre à l'air, soit pour en renouveler la fumure, de bien nettoyer la fosse de tous les vers ou larves qu'on y rencontre. Le bostriche ou *kaïroun*, malgré la lenteur de son œuvre, est plus dangereux qu'on ne pense. Deux ou trois de ces insectes ont bientôt fini, sur le tronc ou sur les rameaux d'un à deux ans, de former des galeries circulaires : le centre de l'arbre une fois perforé, la sève se trouve arrêtée et ne peut plus circuler : l'arbre tombe en langueur, les rameaux se dessèchent et périssent ou sont brisés par le vent dans la partie affaiblie par le travail des bostriches. C'est dans l'été que cet insecte se montre sur nos oliviers : mais heureusement il n'est pas annuel : il n'apparaît que de loin en loin, et seulement par contrées ou par zônes.

2° La TEINETTE (*tinea oleolla*), autrement dite *teigne*, *chenille mineuse* de l'olivier, vit sur l'une ou l'autre surface de la feuille, où elle se crée, à l'aide des fils qu'elle sécrète, un petit réduit où elle se nourrit du parenchyme. La teinette quitte cette retraite vers la fin de sa vie, et alors se loge, à l'aide de ses fils de soie, entre les bourgeons et les feuilles, le long des pousses les plus tendres, qu'elle ronge et détruit. La petite taille de cette chenille, qui, dans son plus grand accroissement, n'est pas

plus épaisse qu'un gros fil , et au plus de la longueur de deux lignes , ne laisse pas que d'être nuisible à cause de sa grande multiplication et du mal
qu'elle fait aux bourgeons.

3º La COCHENILLE adonide, *kermès* ou *crême noir,*
ou *pou* de l'olivier , est un insecte plus long que
large, dont une des extrémités est allongée et l'autre
arrondie, au premier âge ; dans les dernières transformations , cet insecte est indolent , presque im-
mobile , jusqu'à ce qu'il meure groupé , coagulé en
masse compacte ; cet aspect le fait considérer par
les paysans comme l'amas des excréments d'un
insecte ; c'est alors qu'on lui donne le nom de
crême noir ou *rouge*, selon que cette masse est
plus ou moins hantée de fourmis de l'une ou l'autre
couleur.

Les transformations du pou de l'olivier sont
curieuses. Les mâles diffèrent entièrement des femelles ; les premiers sont très-petits et ont deux
ailes transparentes. Lorsqu'elles sont fécondées , les
femelles ne ressemblent plus à des êtres organiques ;
leur corps se renfle à mesure que les œufs se développent , et ces œufs sont si nombreux , que Bernard assure en avoir compté jusqu'à deux mille. De
chacun de ces œufs sort un insecte à huit pattes ,
de forme ovale , plat comme la punaise , mais se

renflant comme elle lorsqu'il est nourri , long d'un millimètre, d'un rouge très-clair d'abord , d'une couleur grisâtre par la suite , puis enfin qui vire au noir , couleur qu'il conserve. A peine les petits insectes sont éclos , qu'ils vont se nourrir sur la partie inférieure des feuilles les plus tendres et des boutons naissants. A l'âge de quatre à cinq mois , le pou abandonne les feuilles et s'attache aux fortes branches pour y mourir, ainsi que nous l'avons dit. Cette masse est alors visitée par des fourmis , qui, tout en se nourrissant des débris , sécrètent une liqueur visqueuse , mielleuse, qui se colle à l'arbre avec beaucoup d'adhérence. C'est peut-être à ce moment que l'arbre court le plus de dangers , du moins dans la partie chargée du crême noir , car cette partie cesse alors d'être en communication avec l'air et les éléments de la nature. C'est donc bien plutôt les restes de l'animal que lui-même qu'il faut redouter pour l'olivier ; on s'efforcera donc de détruire le pou dans sa vie par les moyens indiqués plus loin ; mais si le crême noir s'est formé , on n'aura d'autre recours que de râcler la place occupée, en se gardant d'offenser l'écorce : un couteau émoussé , à large lame, remplira cet office.

4º La PSYLLE de l'olivier (*arancia olea* , de Pline) est un insecte d'un très-petit volume , d'a peine une ligne de longueur ; il produit, selon Bernard, une matière visqueuse, épaisse, ressemblant à un duvet fort blanc , très-abondant ; il en enveloppe le pétiole, le pédoncule , et jusqu'aux grappes des fleurs toutes entières. Dans certaines années , cet insecte est abondant ; il étend , sur le sommet des arbres , à l'extrémité des branches , comme un voile général de mousseline. C'est ce duvet blanc et probablement la présence de quelques petites arachnéïdes vertes , qui ont trompé Pline et qui lui ont fait supposer « qu'une araignée spéciale hantait l'olivier et lui donnait une maladie qui le faisait avorter » ; ce voile , en effet , pour peu que la saison ne soit pas propice , en interceptant l'air vivifiant , fait languir l'arbre , dont le fruit se flétrit avant d'arriver à maturité.

D'autres insectes s'attaquent certainement à l'olivier ; mais outre qu'ils n'ont rien de spécial , puisqu'ils vivent sur les autres arbres fruitiers, ils sont trop peu importants ou trop connus des cultivateurs pour que nous ayons à les mentionner ici. Le traitement général (voir § III , page 154) que nous faisons subir à ces vermines spéciales, est d'ailleurs aussi applicable aux unes qu'aux autres.

§ II.

Des vers des olives.

Le fruit de l'olivier n'est pas moins que l'arbre en proie à des insectes dévorants. Bosc , Bernard , Lardier et les anciens ont constaté que l'olive est attaquée par des insectes dont la piqûre ne tarde pas à faire flétrir , à détériorer à ce point le fruit, que l'huile exprimée a peu de valeur et n'a pas le même goût que l'huile provenant de fruits sains : mais ce qui paraîtra singulier, c'est que, après tant d'études remarquables sur l'olivier, les écrivains ne soient point d'accord sur la détermination de l'espèce, de la forme, de l'origine, de la transformation de l'insecte qui attaque les olives. Ainsi les uns veulent que l'action de l'insecte sur le fruit pendant à l'arbre ait lieu alors qu'il est sous forme de mouche , tandis que les autres prétendent que le fruit paraît piqué de dedans en dehors par un ver qui semblerait inclus dans sa pulpe , ou encore au moment où il commence à fermenter , à se corrompre.

Ces diverses opinions ne sont pas inconciliables, selon nous, sur tous points ; plusieurs insectes, sous diverses formes, peuvent attaquer et attaquent en effet l'olive aux diverses phases de sa naissance , de sa maturation ou de sa décadence ; ils la suivent après la cueillette, et jusque sous le pressoir : ils se laissent écraser avec elle.

Nous acceptons volontiers tous les effets énoncés. Oui, il y a une *mouche* ; oui, il y a un *ver* qui s'attaque à l'olive ; mais ces deux individus ne peuvent-ils être la succession d'un même insecte ? Nous le croyons. Toutefois, nous ne pouvons admettre avec **Bosc**, **Bernard**, **Sieuve**, **Lardier**, et la plupart des auteurs, que l'insecte générateur soit exclusivement un produit du milieu où vit notre arbre, non que ce milieu n'en puisse produire aussi ; mais nous disons que les mêmes causes, ramenant invariablement les mêmes effets, nous ne pouvons nous expliquer comment l'insecte naissant sous le même climat, dans la même terre que notre arbre, nos olives ne soient pas piquées tous les ans. Pourquoi le seraient-elles cette année dans le Var et point dans l'Hérault ? Pourquoi, telle année, ferions-nous en France de magnifiques récoltes de fruits sains ? et pourquoi encore, sous des températures identiques (1), au-

---

(1) Nous avons vu des étés où le thermomètre a monté de 34 à 36 degrés de chaleur, sans avoir des vers dans les olives. D'autres années, au contraire, par 18 à 19 degrés de chaleur, mais à la suite d'un brouillard du matin, on trouvait l'insecte ailé s'installant en masse sur la floraison.

rions-nous des résultats différents : ici des olives déshonorées de piqûres noires ; un peu plus loin . à l'abri de montagnes ou sous tel pli de terrain, des fruits immaculés.

Sans doute les mouches et le ver de l'olive peuvent naître sous notre climat et coexister avec l'olivier pour s'abattre à l'heure favorable sur son fruit. Mais de même que pour les insectes qui attaquent l'arbre , le froid ou l'humidité , toute cause atmosphérique contraire , feront périr l'insecte indigène pour l'année , pour la saison tout au moins. Comment admettre alors , par exemple. que les œufs laissés par la mouche , dans les années 1819, 1829, 1830, 1855, où l'hiver fut si rigoureux , ne périrent pas tous ? Et cependant on a vu . dans quelques-unes de ces années exceptionnelles , des milliers de vers reparaitre sur l'olivier. Voilà. on en conviendra , un ver bien tenace et bien robuste.

Pour nous , sans contester l'insecte (mouche ou ver) indigène , ce n'est point à lui que nous reprochons ces invasions formidables , semblables à ces nuées de sauterelles qui frappèrent l'Égypte. Voici nos raisons :

Tous les auteurs que nous avons lus . tous les agriculteurs que nous avons consultés , sans avoir de données bien certaines sur l'insecte , se sont néanmoins tous rencontrés sur quelques points identiques ; ils disent , en premier lieu : que le ver de l'olive ne paraît pas semblable à ceux qui attaquent l'arbre ; qu'il ne semble pas surgir de terre ; qu'il envahit de préférence les oliviers qui croissent sur des hauteurs peu abritées des vents , et surtout sur ceux plantés à l'exposition du Sud, etc. ; en second lieu , que c'est à l'époque de la cueillette, et parfois dans l'espace de quelques jours , que l'olive bien saine , bien verte , montre tout-à-coup des piqûres.

L'année 1836 nous offrit l'espoir de récoltes les plus abondantes qui se soient jamais vues. Eh ! bien, vers la mi-septembre , en quinze jours, au plus , les olives se trouvèrent toutes piquées, et cela , dans les terroirs de Nimes, Collias, Milhaud, Bernis. Plusieurs écrivains font remonter à l'année 1828 la première apparition des vers dans le midi de la France ; c'est là une erreur : le fléau est seulement devenu plus fréquent , plus intense , ou plus remarqué depuis cette époque ; mais il y a toute raison de croire qu'il a de tout temps sévi, si, comme tout le prouve, il est produit, ainsi que nous allons essayer de le démontrer , par une cause toute physique , et c'est en vain qu'on s'appuierait à cet égard sur ce que M. de Gasparin , qui clôt son *Mémoire sur l'olivier*, en 1818, ne parle pas de cette épidémie ; le savant agronome n'a point parlé de ce fait, parce qu'il n'avait point à parler d'un fléau vulgairement connu, et auquel il n'avait rien à opposer.

A toutes ces données vagues, souvent contradictoires et contredites, plus encore par les faits, nous avons cherché à rattacher une série d'observations à nous personnelles, recueillies çà et là, depuis trente-cinq ans, dans nos voyages, dans nos pratiques de culture, dans nos traitements de l'olive, dans nos procédés d'extraction de l'huile. Nous avons pu, enfin, du moins nous l'espérons, formuler cette opinion, qui nous paraît la vraie, à savoir : que *les insectes qui, à certaines époques, viennent ruiner notre récolte d'olive*, au moment où elle paraît la plus saine, *sont poussés des contrées du sud de l'Algérie, du Sahara, de la haute Egypte, de l'intérieur même de l'Afrique sur nos contrées, par des vents périodiques*, qui les dispersent en colonnes, selon les obstacles matériels qu'ils rencontrent.

Cette opinion, que nos connaissances spéciales, malheureusement, ne nous permettent pas de motiver d'une façon scientifique, sera certainement attaquée. Peu importe, nous énoncerons néanmoins nos raisons, appuyées d'observations et d'expériences qui, quoique sans grande suite peut-être, ne nous ont pas paru moins concluantes : on jugera.

Nous n'insisterons pas sur le fait de nuées d'insectes transportées d'une contrée à une autre, même à travers les mers, par les vents périodiques ; car, à l'autorité des livres saints s'ajoutent, depuis des siècles, des faits acceptés par la science. Seulement nous ferons observer que cette opinion donne l'explication la plus satisfaisante, la plus rationnelle, non-seulement de la spontanéité, de la rapidité, de l'intensité du fléau, mais encore de l'incohérence de son action, qui frappera une zône de plusieurs lieues, çà et là épargnant tel vallon, parce qu'il est abrité par une montagne, qu'il couvrira d'insectes destructeurs.

Le fait de myriades d'insectes générateurs apportés par le vent accepté, telle ou telle condition, degrés de chaleur, sécheresse, pluie ou brouillard, entraveront ou exagèreront plus ou moins sa multiplication.

Voici comment il nous a paru que venait et se manifestait l'insecte :

Mainte et mainte fois nous avons observé, au plus tôt vers mai, au plus tard à la fin de juin, qu'après des matinées de brouillard , des nuées de mouches voltigeaient au-dessus du calice des fleurs des oliviers , aptes à porter fruit dans l'année.

La fleur , à ce moment précis , en se nouant, a pu enterrer dans son calice les œufs de l'insecte ; ces œufs , enfermés dans le fruit , se sont développés avec lui : les chaleurs de juillet et d'août ont amené l'éclosion ; l'insecte vit alors dans la pulpe qui l'entoure , jusqu'à ce que le défaut d'air ou d'autres causes l'obligent à percer la peau de l'olive , et à agrandir ses ravages.

Toujours est-il que, vers septembre, nous avons pu voir, sur les fruits des arbres, où précédemment nous avions remarqué des mouches , de petits vers se frayant passage à travers les pulpes et semblant venir du dedans au dehors des olives.

C'est sur ces observations que nous avons fondé l'opinion de la naissance des vers dans l'olive. Et comment expliquer autrement la présence d'un ver, quelquefois deux dans l'olive , celle d'un ver dans le noyau, lorsqu'il est impossible de constater une piqûre extérieure ?

Des écrivains ont avancé que l'œuf de l'insecte de l'olive est déposé par une mouche ; que cet œuf devient larve, puis nymphe ou chrysalide pour arriver enfin à l'insecte ailé , qui est une petite

mouche d'abord d'un blanc jaunâtre, virant bientôt
au vert nuancé de jaune. Ces diverses métamor-
phoses, que nous n'avons pas toutes observées,
mais que nous ne contestons pas, ne contredisent
en rien notre assertion ; seulement, on remarquera
qu'elles ne rendent pas plus compte de la venue de
l'insecte, de son introduction et de son séjour dans
l'olive que de son développement, de sa vie pendant
sa mystérieuse retraite.

Vers août et septembre, les olives piquées noircissent sur l'arbre ou tombent flétries ; parfois
le ver, inclus dans le fruit à peine noué, éclôt dans
le noyau et en dévore l'amande ; d'autrefois c'est
le noyau qui l'arrête : alors, aprèsa voir dévoré le
meilleur de la pulpe, ne trouvant plus de nourriture, ou pour toute autre cause, peut-être pour
arriver à l'air, à la lumière, il apparaît ainsi que
nous l'avons indiqué plus haut. Parfois il se présente
une bonne chance pour l'olive ; c'est dans le cas où
un vent froid, une pluie violente viennent tuer ou
enlever l'œuf pendant qu'il est sur le calice de la
fleur non encore refermée..... *Cessante causâ,
cessante effectus* : avec la cause disparaît l'effet.

Nous devons consigner ici une série d'observations et d'expériences qui ne manquent pas d'importance pour la confirmation de notre opinion :

que les insectes générateurs sont apportés de loin par des vents périodiques :

1° Une branche d'olivier collias chargée de fruit se trouva un jour complétement couverte par des décombres ; elle ne fut dégagée qu'à l'époque de la cueillette. Eh ! bien toutes les olives des branches voisines restées à l'air étaient piquées de vers ; la branche séquestrée n'en avait pas un seul !

2o Cet incident nous suggéra l'idée d'une expérience que nous exécutâmes l'année suivante. Nous choisîmes une belle branche d'olivier en fleur, juste au moment où le fruit se noue ; nous croyons être certain qu'aucun insecte , aucune mouche ne l'avait touchée , et elle n'en avait d'ailleurs aucune apparence ; cette branche, toujours attenante à l'arbre, fut enfermée sous une cloche de verre , puis fut exposée au soleil , en pleine lumière. La fructification s'accomplit ; les olives ne furent point piquées : ayant été ouvertes , elles n'en montrèrent pas trace , tandis que sur les branches congénères du même olivier laissées à l'air libre , la plupart des olives furent attaquées ; quelques-unes mêmes n'avaient plus que la pellicule , la pulpe avait été entièrement dévorée et l'insecte gisait au milieu de ses excréments.

3o Nous choisîmes une olive fortement piquée ,

dans le dessein d'en faire sortir le ver par manque d'air. Cette olive placée sous une cloche de cristal , voici ce qui se passa : des piqûres, que je surveillais attentivement , il sortit bientôt un premier ver ; il ressemblait , sauf la grosseur, à un ver à soie , à la première phase de la maladie ; un second ver se montra , il était comme à la deuxième phase de la maladie du ver à soie ; le troisième enfin était blanc comme la neige, de la longueur de six à huit millimètres , avec huit pattes , la tête , les jambes , les yeux comme ceux du ver à soie. Je gardai quelque temps ces trois vers, le premier devint insecte dans l'espace de 25 à 30 heures; le deuxième passa à la chrysalide ; sa peau , de couleur blanche en sortant de l'olive, tomba, et il devint rougeâtre ; le dernier ver ne put acquérir de force ; il mourut de faim. Je coupai le noyau de l'olive, il était sain et l'amande sans ver.

4º En 1836 , nous avions , après la cueillette , formé des tas d'olives , afin de les garder ainsi quinze à vingt jours, peut-être un mois. Au-dessus de chaque tas , il s'éleva bientôt une nuée d'insectes ayant le corps long et noir , les ailes membraneuses et la partie postérieure du corps couleur rouge sombre; la vie de ces insectes fut de six à huit jours. Les olives enlevées, on trouva le sol jonché d'une multitude de petites peaux blanches, qui n'étaient autre chose que l'enveloppe de ces insectes. Nul doute que cette métamorphose ne fût la conséquence de la chaleur, occasionnée par la fermentation des olives.

5o En 1836, j'avais acheté une grande quantité d'olives pour confire. Après leur avoir fait subir l'opération nécessaire pour les dépouiller de leur amertume, je les tirai des cuves, au fond desquelles s'était amassée une couche de petits vers blancs de six à huit millimètres de long, et que la force de la lessive avait sans doute fait sortir des olives : inutile d'ajouter que l'huile que l'on a extraite de ces fruits piqués avait mauvais goût et ne put pour ainsi dire servir qu'à l'éclairage.

Il est à remarquer que l'invasion des insectes n'a pas de conséquences identiques dans tous les départements ; ainsi, par exemple, les olives du Var, des Bouches-du-Rhône, sont ordinairement plus fortement piquées que celles du Gard ; cela tient sans doute à la qualité de l'olive, qui est plus fine : il n'en est pas de même dans les départements de l'Hérault et des Pyrénées-Orientales, où l'olive est plus grossière, la peau plus dure; aussi les dommages causés à la récolte y sont-ils en général moindres.

Avant de terminer cette partie, il nous paraît utile de citer quelques lignes de M. Maffre, qui a publié une petite brochure sur la culture de l'olivier en Algérie. Son opinion corrobore celle que nous avons émise sur l'invasion des insectes apportés par des vents périodiques dans nos contrées.

Il s'agit, dans l'écrit de M. Maffre, de myriades de sauterelles qui envahissent, à certaines époques, l'Algérie, les Baléares et l'Espagne :

« Elles nous viennent, dit-il, de l'intérieur de l'Afrique et sont amenées par les vents. Il est impossible de donner une idée bien exacte de l'innombrable multitude de ces insectes ; il faut les avoir observés ici pour croire à tout ce qui peut être écrit sur ce sujet. Ils arrivent dans le courant du mois d'avril, et ils attaquent toutes les plantes, dont ils dévorent les boutons et les pousses naissantes. Leur accouplement commence quelques jours après leur arrivée, et les femelles font leur ponte dans la première quinzaine du mois de mai. L'éclosion arrive en juin : c'est la seconde génération. On voit alors la terre couverte de petits insectes de couleur brune, d'abord réunis par groupes immobiles ; mais bientôt on les voit sautiller dans toutes les directions.

« Une quinzaine de jours après leur naissance, ces insectes, ayant atteint une longueur d'environ

deux centimètres , quittent leur première peau :
la nouvelle est verte ; c'est alors que ces insectes
ravagent la campagne avec une rapidité étonnante.
Après avoir dévoré le fruit et les feuilles , ils ron-
gent l'écorce de toutes les jeunes branches. L'olivier
est ravagé comme les autres arbres , et nous avons
vu des oliviers d'une grosseur extraordinaire, entièrement dépouillés en moins d'une heure. Après
quelque temps de séjour , cette seconde génération
disparaît comme la première : emportées par les
vents du Sud, ces nuées de sauterelles sont poussées
vers la mer, où il en périt une grande multitude...»

On remarquera, dans les lignes que nous venons
de citer , des rapports , des transformations , des
dates même , qui expliquent ou confirment nos
opinions. Pourquoi , par exemple , ces vents
chargés de nuées d'insectes , enlevés on ne sait
d'où, et qui s'abattent sur l'Espagne, sur l'Algérie,
sur les Baléares, ne pousseraient-ils pas leur souffle
sur nos côtes de la Méditerranée , d'où d'autres
courants d'air les dissémineraient dans tout le
Midi ? Est-ce donc là une hypothèse inadmissible ?
Pour ne citer qu'un fait qui se rattache aux dernières
lignes que nous avons empruntées à M. Maffre, « ces
nuées de sauterelles sont chassées vers la mer » ,
dit-il. Or , les entomologistes sont d'accord sur ce

point : que les sauterelles qui s'abattent sur les côtes de Provence , présentent des caractères de ressemblance identiques avec celles qui pullulent sur le littoral africain.

§ III.

Destruction des insectes.

Par tout ce qui vient d'être dit des maladies que causent à l'olivier et à son fruit les divers insectes , il est facile de juger combien il serait avantageux de pouvoir y rémédier efficacement. La destruction des insectes qui font la guerre à notre arbre et à son fruit , occupent depuis longtemps le physicien et le cultivateur. Il n'est pas douteux qu'en détruisant les vers on aurait un moyen assuré d'arrêter leur multiplication ; mais il faudrait pour cela pouvoir remonter à la source et les empêcher de naître ou d'attaquer l'olivier.

On a proposé divers moyens pour détruire ces vers ; je les ai expérimentés pour la plupart : les uns sont impraticables , les autres sont sans effet certain.

Voici deux de ces moyens ; on jugera facilement de leur praticabilité :

Notre collègue , M. Bérenger fils , nous a communiqué les observations suivantes : j'essayai un moyen radical et qui fut couronné du succès le plus complet. Il consiste en ceci : au bout d'une perche qui permettait d'atteindre toutes les parties de l'arbre, je plaçai un cône en vieux cuivre dans lequel je mis de l'étoupe goudronnée; après l'avoir allumée, je fis promener rapidement cette perche sur toutes les parties de l'olivier atteint par les ravages du ver, et j'eus la satisfaction, quelques mois après, au moment de la végétation, de voir pousser des feuilles nouvelles sur cet arbre qui se recouvrit comme par enchantement.

Notre compatriote, M. Crespon, qui s'est occupé de trouver des moyens destructeurs, s'exprimait ainsi, en 1847 : « Les œufs déposés sur les feuilles échappent, par leur petitesse et leur nombre, à tous les agents de destruction. Il faudrait donc s'attaquer au papillon lui-même ; et, pour cela, se servant de moyens dont nous avons essayé l'efficacité, tendre à ces ennemis un piége nocturne, c'est-à-dire suspendre aux branches des arbres un ou plusieurs falots allumés, dont on aurait à l'avance huilé toute la surface. Les petits papillons, attirés par la lumière, viennent se fixer sur les parois du falot, et y sont retenus par le seul contact de la partie huilée. La plus petite parcelle d'huile suffit, en effet, pour les tuer. Cette chasse , qui doit avoir lieu par un temps obscur , pourrait être faite du 10 au 20 septembre, époque à laquelle les femelles pondent leurs œufs ; ce serait plutôt un amusement qu'un travail. »

Notre collègue , M. Guérin de Menneville , membre de plusieurs sociétés savantes , a publié que, pour atteindre l'*oscinis* (ou ver de l'olive) et s'en débarrasser , il fallait enlever la récolte avant sa maturité , c'est-à-dire de très-bonne heure , afin d'emporter avec les olives les larves qui se trouvent dans leur sein. M. Blaud a conseillé le même préservatif , ce à quoi M. Crespon a répondu fort judicieusement que, dans les derniers jours de septembre , bien des pulpes sont déjà enfouies dans la terre; que, d'autre part, le remède indiqué serait très-coûteux et équivaudrait presque au sacrifice de la récolte.

Dans ces dernières dix années, on préconisait les fumigations de vieux cuirs, de chiffons de laine , de soufre même ; on a aussi conseillé le goudron (moyen indiqué par M. Sieuve, à la fin du xviiie siècle). Pour notre part , sans absolument affirmer un invariable succès, nous pouvons néanmoins assurer que nous avons obtenu d'excellents résultats de l'aspersion abondante en pluies fines , à l'aide de pompes, d'un liquide dans lequel nous faisons entrer de la chaux , des décoctions d'absinthe, de plantes fortement aromatiques , et divers ingrédients qui rebutent les insectes par leur odeur ; car ce qu'il y a de certain , c'est la répugnance remarquable de tous les infiniments petits , comme dit l'illustre chimiste Raspail , pour les émanations contraires à celles qu'eux-mêmes dégagent. D'autre part , le liquide, pénétrant partout, est le meilleur moyen pour porter la mort à l'insecte. Ainsi nous avons observé qu'un été chaud , mais fréquemment pluvieux , préservait les olives du ravage des vers (l'humidité ne convient pas au ver de l'olivier) : c'est le cas qui s'est présenté, entre autres années , en 1849. En 1850 , au contraire , où nous avons eu neuf mois de sécheresse , toute la récolte a été piquée , surtout aux environs d'Arles , Maussane , Fontvieille , Saint-Chamas , Istres et Salon , où l'on n'a pu trouver une seule olive qui ne contînt un, quelquefois deux et jusqu'à trois vers. La récolte a été nulle en quelque sorte.

Mais revenons à notre moyen. Le poison reconnu, bien avéré, il ne faut pas se dissimuler que le moment propice pour faire l'aspersion est lorsque la fleur de l'olive sera bien épanouie. Or , sur ce point, nous n'avons pas toujours été heureux : en tout état, on pourra recommencer, et ce ne sera jamais chose coûteuse ni difficile que la pratique conseillée par nous, qui, si elle n'a pas toujours prévenu la piqûre des olives, a presque constamment préservé l'olivier des injures des insectes qui l'attaquent.

Ne nous décourageons pas surtout; cherchons, cherchons encore : la patience, l'expérience peuvent nous apporter un remède inattendu. Que les agronomes distingués, que les savants se mettent à l'œuvre, et si quelque moyen préservatif d'un pareil fléau vient à couronner leurs efforts, ils auront rendu un grand service à l'agriculture dans nos contrées, et leur nom sera porté haut dans la mémoire de leurs concitoyens.

CHAPITRE X.

L'OLIVIER EN ALGÉRIE.

Ses variétés, sa culture, son fruit, son huile.

> L'olivier est une richesse naturelle de l'Algérie.
> (Maréchal BUGEAUD, *Rapp. au gouvern.*

La culture de l'olivier est l'une de celles qu'il convient de développer en Afrique ; elle offre les plus grands avantages sous tous les rapports : mieux que toute autre culture, elle peut donner à l'Algérie les moyens d'indemniser la métropole des sacrifices faits pour la colonie. Sans doute, elle exige des frais et des travaux avant de donner des produits ; mais la production de l'olivier est bien plus précoce en Afrique qu'en Europe, et cet arbre n'a pas à y redouter les rigueurs d'un climat contraire à sa croissance. Le froid n'est jamais assez fort en Algérie pour causer la mort de cet arbre ; aussi y vit-il plusieurs siècles ; il y prend des dimensions gigantesques et ne périt que de vieillesse.

Nous dirons peu de chose de la culture de l'olivier

et de l'extraction de l'huile faite par les populations européennes dans notre colonie ; les pratiques diffèrent beaucoup des plus médiocres de celles employées dans le midi de la France.

La multiplication de l'olivier se fait en Algérie par le semis des noyaux, la transplantation des sauvageons, par les boutures, et aussi par les drageons. La greffe la plus habituelle est celle en écusson. On donne trois façons à la terre : la première, après la récolte ; la deuxième, à la fin de mars ; la troisième, à la fin de juillet. On commence déjà, sur quelques-uns des points cultivés par les populations européennes, à intercaller d'autres cultures, telles que les céréales et les plantes fourragères, et il paraît que l'on s'en trouve assez bien.

Il est une opinion généralement répandue, c'est qu'en Algérie, comme dans tous les pays chauds, on peut laisser les arbres fruitiers livrés à eux-mêmes, sous la conduite de la nature : c'est une erreur, surtout pour les jeunes oliviers. Si l'on peut se dispenser, dans les deux premières années, de les fumer, surtout dans un terrain généralement riche en humus, il faut leur donner un engrais approprié à la composition du sol, à partir de la troisième année, pour hâter ou augmenter la production du jeune olivier, qui ne donne guère de fruit en quantité appréciable avant six ans ; de même , il sera urgent d'arroser souvent les jeunes plants dans les temps de sécheresse.

Venons maintenant à la culture de l'olivier et au traitement de l'olive par les indigènes. On y retrouvera avec curiosité, depuis les procédés les plus primitifs de l'antiquité jusqu'aux manœuvres et aux machines encore grossières du siècle dernier, qu'y ont sans doute importés nos premiers colons.

Les indigènes cultivent diverses variétés d'oliviers ; ils les multiplient au moyen de nombreux sauvageons répandus sur toutes les collines de la contrée. Ils greffent les jeunes plants avec beaucoup d'adresse , après leur transplantation à demeure, et choisissent ordinairement, pour leurs greffes , les espèces productives en huile. Ils donnent annuellement deux œuvres à la charrue à leurs plantations, mais ils ne les fument pas. Afin que l'intérieur dés arbres soit toujours bien dégagé et ne soit pas privé d'air et de lumière , ils ont soin de les tailler et de les élaguer.

La maturité des olives n'arrive pas à la même époque pour les diverses contrées de l'Algérie. Elle commence dans les parties les plus septentrionales et se manifeste progressivement en allant vers le Sud.

On fait la récolte des olives lorsqu'elles sont parvenues à pleine maturité ; on les entasse dans des magasins , dans des cuves , dans des jarres, même en plein air, dans des enclos, et l'on attend que la putréfaction soit assez avancée pour que le noyau se détache de lui-même de la pulpe ; les noyaux sont alors donnés aux animaux , qui en sont très-avides.

Les procédés de fabrication des indigènes sont très-imparfaits et peu productifs dans certaines contrées : ils extraient l'huile en foulant les olives au pied d'abord, puis en les écrasant entre deux pierres, et font aussi le pressurage en chargeant la pierre supérieure de forts poids. Dans d'autres contrées , ils font bouillir, dans de grandes chaudières et avec beaucoup d'eau, les olives écrasées ; et avant que le liquide soit totalement refroidi , ils recueillent l'huile qui surnage.

La fabrication est mieux traitée par les Kabyles. Leur plus ancienne pratique , celle que l'on voit encore dans quelques tribus, est trop curieuse pour n'être pas exposée avec quelques détails. La voici :

Ils entassent les olives , alors que la putréfaction a permis au noyau de se détacher de lui-même, dans des outres faites de peaux de chèvres ou même d'autres animaux , n'ayant laissé d'autre ouverture que celle du cou de l'animal : c'est par là qu'on introduit la pulpe. A peu près au quart pleines , on ferme l'ouverture avec une corde ; puis, au moyen de deux chevilles en bois ou en fer, placées à chaque extrémité des sacs, on les tord vigoureusement jusqu'à ce qu'il n'exsude plus du tout d'huile à travers les pores de la peau. Quand les pores de ces peaux sont trop ténues, celles des vieux boucs, par exemple, les Kabyles les piquent à l'aide d'un instrument présentant des pointes très-fines en saillie, et confectionné tout exprès pour cet usage.

L'huile exprimée des outres tombe sur une espèce d'aire d'argile fortement battue, entourée d'un mur aussi d'argile, de 10 à 12 centimètres de hauteur. L'huile s'écoule par une pente douce dans un petit bassin d'argile durci au feu, et où elle repose jusqu'à ce qu'on la verse dans les grands vases de terre où elle est conservée.

Il y a, en Kabylie, un autre mode d'expression de l'huile, qui se répand de plus en plus, et qui doit être une importation européenne, car il a beaucoup de rapports avec le procédé usité dans le midi de la France.

Lorsque les indigènes reconnaissent que leurs olives sont au degré de putréfaction selon eux nécessaire, car ils n'emploient notre fruit qu'en cet état, ils les détritent dans des bassins en maçonnerie, au moyen d'une meule verticale très-grossière, mise dans un mouvement très-lent par un manége auquel sont attachés tour à tour les chevaux hors de service dans la tribu, ou même toute autre bête de trait, ou même encore des hommes, voire des femmes, qu'ils veulent punir, ou les étrangers qu'ils ont réduits en esclavage (1) ! La pâte de l'olive étant faite, ils la soumettent à l'action d'un pressoir à vis, sous lequel ils la placent dans des sacs faits en jonc, ou même tressés en paille ; mais ces moulins sont très-grossiers, mal établis, n'ayant pas la puissance ni la justesse nécessaires : ils font un travail imparfait ; puis, presque tous étant établis en plein air, ils ne peuvent travailler que dans les journées de parfait beau temps, qui sont rares, en Algérie comme partout, dans la saison pendant laquelle se fait la récolte des olives. Il en résulte que les olives, restant longtemps entassées après la cueillette, subissent une fermentation qui communique à l'huile, propre seulement à l'éclairage et aux fabriques, une saveur et une odeur très-désagréables.

Il résulte de renseignements bien précis que le produit en huile des olives détritées dans les

---

(1) Par l'imagination, on se reporte au traitement infligé à Samson chez les Philistins...

moulins indigènes est environ des trois cinquièmes de celui que nous obtenons dans le midi de la France.

Les variétés d'oliviers en Algérie sont :

1° *L'olivier sauvage*. Les feuilles sont plus petites et d'un vert plus clair et plus luisant que celles de l'olivier greffé. Son fruit est aussi beaucoup plus petit, et il contient une si minime quantité d'huile, que son produit ne pourrait payer ses frais de culture. Mais l'huile fabriquée avec les olives sauvages est d'une qualité supérieure.

2° *L'olivier à fruit long*. Aussi de moyenne fécondité, son fruit affecte à peu près la forme d'un petit gland ; il reste d'une couleur de noir violet après sa maturité ; il produit peu d'huile.

3° *L'olivier à gros fruit*. Le fruit de cet arbre, qui ne donne pas de récoltes abondantes, est beaucoup plus gros que celui des autres variétés ; il surpasse en grosseur nos plus belles olives d'Europe. Cette variété produit peu d'huile, mais son fruit est le plus convenable pour être confit et servir aux usages de la table. Les arbres de cette variété sont peu nombreux, et il est à supposer que les indigènes ne les cultivent que pour leur usage alimentaire. Son fruit est très-précoce, et sa maturité arrive toujours avant celle des autres olives.

4° *L'olivier à fruit rond*. Les feuilles de cet

arbre sont d'un beau vert et très-blanches en-
dessous. Son fruit, rond et de grosseur moyenne,
est noir lorsqu'il a acquis sa parfaite maturité. Cet
arbre est très-fécond ; son fruit produit beaucoup
d'huile de bonne qualité.

5º *L'olivier à fruit oblong et à rameaux pendants.* L'arbre de cette variété a ses rameaux peu
serrés et pendants ; il est d'une grande fécondité.
Son fruit, de grosseur moyenne, est noir lorsqu'il
est mûr ; il donne beaucoup d'huile d'une excellente
qualité.

CHAPITRE XI.

CUEILLETTE DES OLIVES ;

ET MANIÈRE DE LES CONFIRE POUR LA TABLE.

Les fruits les plus hâtifs mûrissent en novembre, les plus retardataires à la fin de décembre ; cependant l'époque de la cueillette des olives n'a rien de fixe ; d'une part, la maturité dépend de la saison plus ou moins favorable ; d'autre part, de la région où végète l'olivier, et aussi de son espèce ; enfin de l'usage auquel on les destine, soit qu'on veuille en faire de l'huile, soit qu'on veuille les réserver pour la table et les usages culinaires.

Les anciens ont été fort divisés sur la meilleure époque pour cueillir l'olive.

On fait dire à Aristote que les olives n'acquièrent jamais une parfaite maturité sur l'arbre, y restassent-elles plusieurs années ; et, d'après cette singulière idée, quelques-uns ont cru que, pour les faire mûrir, il fallait les cueillir et les entasser. En effet, après quelques jours, elles noircissent davantage ; mais on prend, dans ce cas, le plus ordinairement, un commencement de pourriture pour un point de parfaite maturité. Pline a dit, au contraire, que plus l'olive restait sur l'arbre, plus elle gagnait et acquerrait de vertu. Varron, qui s'entendait si bien à l'agriculture, veut que l'on recueille les olives au fur et à mesure qu'elles sont mûres, et qu'on les envoie promptement au pressoir. Olivier de **Serres** dit expressément : « que le moins garder les olives est le meilleur, pour la bonté et pour la qualité de l'huile. »

De nos jours, dans les pays à olives, on n'a guère que des usages. Dans telle contrée, on cueille les olives encore demi-mûres, pour avoir, dit-on, de l'huile plus fine ; il en est, et c'est la généralité, où l'on attend leur complète maturité, et dans ce cas encore, les uns ne les recueillent qu'au fur et à mesure qu'elles tombent de l'arbre; ainsi fait-on dans la Corse, la rivière de Gênes, la Morée, etc., ce qui prolonge la durée de la récolte jusqu'en été ; d'autres les font tomber avec des roseaux ou avec de longues gaules, dès qu'elles leur paraissent mûres ; c'est une pratique détestable, car le gaulage fait un mal infini aux oliviers. Les Romains l'avaient si bien reconnu , et ils avaient tant de vénération pour nos arbres , qu'ils n'avaient pas dédaigné de faire une loi qui défendait de frapper les oliviers pour en faire tomber le fruit sans une permission expresse du maître : *Oleam , nestringito nevo verberato injussu domini* (Caton , *De re rustica*). A notre avis , la meilleure récolte est celle qui se fait à la main. Si l'arbre est trop haut , on le secouera légèrement du tronc , après avoir toutefois pris la précaution d'étendre une large toile , soit un drap à terre au-dessous. Les olives tombées seront mises à part; car généralement elles sont inférieures.

Le climat et les espèces d'olives qui dominent, selon qu'elles sont précoces ou tardives, doivent être les guides que l'on consultera. L'aspect du fruit donnera aussi une certaine indication. Si l'on cueille une olive au moment où ce fruit commence à peine à se colorer , et qu'on la presse entre les doigts après l'avoir ouverte , il en découle une liqueur blanchâtre , au milieu de laquelle surnagent quelques légères parcelles d'huile. Si l'on répète cette expérience dès que l'olive est tout-à-fait noire ou rougeâtre, selon la teinte plus ou moins foncée de sa couleur, la liqueur qui en sort est d'un blanc rougeâtre, offre plus de consistance et une plus grande quantité d'huile. Enfin , si l'on ouvre une olive lorsqu'elle se trouve dans l'état que nous nommons *fachouiro*, c'est-à-dire mûre aux cinq sixièmes , dans cet état qui permet de la manger sans que le gosier soit affecté par l'âcreté, et qu'en la pressant il en sorte une huile claire et limpide , c'est ce moment qu'il faut choisir , surtout s'il fait beau et point brumeux. On aura de ces olives une huile excellente et la meilleure possible , si elle est extraite par un bon procédé , et en tout bien traitée. Mais avant de porter les olives au moulin , on devra les étendre quelque part, dans un lieu sec; il est bon qu'il soit aéré. Un simple hangar serait très-propice à cela. On évitera de les faire reposer immédiatement sur la terre ou sur la pierre, surtout si elle est humide. Il faut un plancher de bois ou des ais mis en plan incliné, qui aient des interstices pour laisser exsuder l'humidité superflue qu'il peut y avoir dans le tas et la laisser écouler.

L'huile se conserve douce dans l'olive vingt jours à un mois ; après quoi, elle se détériore et n'est plus bonne que pour les arts. On devra toujours se servir d'eau bouillante pour faire la pâte , ce sera encore un puissant moyen d'éviter la rancidité. Chaque variété donne une huile différente et en plus ou moins grande quantité : plusieurs des plus petites donnent la meilleure ; quelques-unes sont préférées pour confire, d'autres le sont pour la grande quantité d'huile qu'elles contiennent. Ainsi il est certain que plus l'olive est mûre, plus elle rend ; mais plus aussi son suc est gras et moins agréable, d'où provient sans doute cette saveur un peu forte de la plupart des huiles d'Italie, pays où l'on attend la chute des olives pour en tirer l'huile, ou bien on ne les y cueille qu'aux mois de février et de mars : ce qu'on fait aussi en Espagne.

MANIÈRE DE CONFIRE LES OLIVES.

Quand on veut confire des olives, on les cueille avant leur maturité ; et pour leur ôter une partie de leur amertume, on les soumet à une préparation dont le sel marin est la base.

Voici comment nous procédons :

Pour confire les olives picholines et verdales, on n'a qu'à mettre, dans une auge de terre ou de bois, un kilogramme 500 grammes d'olives, soit 3 livres ancien poids, pour un litre de lessive alcaline ; il faut les couvrir d'un linge, afin que celles qui sont au-dessus ne surnagent pas ; l'air les rendrait noires. Le temps de l'opération varie de cinq à huit heures, selon la quantité, la grosseur et la maturité du fruit. Quand la lessive a pénétré jusqu'au noyau,

et que l'olive se détache bien , on remplace le bain
par de l'eau claire ; on la change deux ou trois fois
par jour , jusqu'à ce que la lessive et l'amertume
aient entièrement disparu.

Enfin , on fait une eau de sel de trois onces par
litre d'eau froide et l'on y précipite les olives, **en**
ayant soin qu'elles soient toujours recouvertes d'un
linge , et pour la raison que nous avons donnée
plus haut.

LA CUEILLETTE DES OLIVES.

POÉSIE.

—

Nos lecteurs nous sauront gré de reproduire quelques strophes d'une charmante pièce de vers empruntée au riche écrin de notre poète nimois. On y retrouve, unie à des tours ingénieux, pleins de grâce, cette versification harmonieuse, naïve et tendre, qui sert si naturellement de voix et d'instrument à un sujet simple, touchant, emprunté au spectacle des champs et à la vie du travailleur agricole.

Voici ces strophes :

. . . .

> Bien que l'hiver fût près d'éclore,
> Un beau soleil brillait encore,
> Et des essaims d'oiseaux contents,
> Trompés par la brise attiédie,
> Recommençaient leur mélodie,
> Ainsi qu'au retour du printemps.

« Mes enfants, a dit le vieux Pierre :
» Daignez vous rendre à ma prière !
» Ce jour fait mentir la saison :
» Accordez-moi pour la cueillette
» Que je vous suive à l'olivette :
» Je meurs d'ennui dans la maison.

» Il me souvient qu'en mon jeune âge,
» Comme vous ardent à l'ouvrage,
» Pour ombrager l'auge du puits,
» Nous plantâmes, avec mon père,
» Un olivier que je révère ;
» Eh ! bien, j'en veux cueillir les fruits.

» — Père, restez dans votre chambre ;
» Vous savez, aux jours de décembre,
» Les soirs sont froids : soyez prudent.
» Puis, quand la vieillesse vous penche,
» N'allez pas, au haut d'une branche,
» Chercher quelque triste accident. »

Mais l'homme, au déclin de sa vie,
Ressemble à l'enfant par l'envie ;
Pierre a descendu l'escalier
Et caressé la turbulence
Du roquet dont la vigilance
Garde le sac du journalier.

Au champ rendus, à l'instant même,
Il va trouver l'arbre qu'il aime :
« Mon vieil ami, te voilà donc !
» Sous ta noueuse et rude écorce,
» Les ans semblent doubler ta force,
» Et moi, je tremble comme un jonc.

» Quoiqu'en nous rien ne se ressemble,
» Si nous pouvions finir ensemble !
» Mais ce vœu m'est presque un remord,
» Je t'ai soigné toute ma vie,
» Et malgré ma peur qu'on t'oublie,
» Vis, si tu peux, après ma mort.

» Cependant je veux, cette année,
» Que ta récolte fortunée
» Cède encore à ma faible main.
» Plus tard... Hélas ! le temps me presse.
» Beaux jours d'hiver et de vieillesse
» Comptent peu sur le lendemain... »

Il dit : voilà que, dans l'espace,
Tout devient morne, tout s'efface :
Les oiseaux n'ont plus de chansons ;
Plus de lézards sur les murailles,
Et, sur les pousses des semailles,
Courent de sinistres frissons.

Bientôt un nuage grisâtre,
Suivi d'un vent acariâtre,
Par la montagne refroidi,
Voile le ciel ; et, sous la trombe,
L'olive d'elle-même tombe,
Et le vieux Pierre est engourdi !

On l'emporte dans sa demeure,
Il expire : chacun le pleure ;
Et le souffle glacé du Nord
Sur son cercueil jetait la neige,
Et gonflait le drap du cortége
Comme un voile de la mort.

Et, comme accablé du veuvage,
L'olivier perdit son feuillage,
Tué par cet hiver cruel.
Son tronc à la triste famille,
En des jours où la gaîté brille,
Servit de bûche de Noël !

JEAN REBOUL.

Nimes , 1856.

TROISIÈME PARTIE

DE L'HUILE D'OLIVE

ET DE SA FABRICATION.

Antiquité de l'usage de l'huile d'olive. — Le grec Aristée en aurait appris la manipulation du centaure Chiron. — Diverses qualités d'huile chez les anciens. — L'huile ne doit avoir ni saveur ni odeur. — Procédés *d'extraction* de l'huile : broyages, pressages, traitement des grignons, lavages, clarification. — *Enfers;* l'huile qu'on en retire. — *Analyses* de la pulpe, du noyau et de l'amande de l'olive. — Analyse de diverses variétés d'olives. — Rendement d'un arbre exceptionnel. — Compte de frais de 24,000 kil. d'olives converties en huile.

CHAPITRE XII.

FABRICATION DE L'HUILE.

Oleum cibarium , oleum tortivum,
Oleum omphacium.

(PLINE , *lib. XII.*)

L'art d'extraire l'huile remonte à la plus haute antiquité ; les premières traditions des peuples indiquent diverses espèces d'huiles ; les plus fines servaient dans les sacrifices offerts aux dieux : l'Ancien Testament parle, en maint endroit (1), de l'huile d'olive, que nous retrouvons aussi chez les Grecs et les Romains. Une fable ingénieuse de l'Attique indique Aristée, l'un des élèves du centaure Chiron, comme celui qui, le premier, aurait montré aux hommes à extraire le liquide onctueux des olives.

Quoi qu'il en soit , il serait difficile de prouver

(1) Voyez : *Histoire de Judith ;* — celle d'Élie , nourri d'huile d'olive pendant une disette : — l'huile appliquée sur les plaies de Samson , etc.

quel est le premier usage qu'on a fait des olives :
savoir si l'on a commencé par les préparer pour
les manger, ou pour en tirer de l'huile. L'une ou
l'autre pratique n'a pas dû se présenter au hasard
à l'esprit de l'homme : l'une est une opération de
chimie culinaire ; l'autre est un résultat chimique,
obtenu par la plus ingénieuse et la plus simple
mécanique. Il est probable qu'à défaut de machines,
les premiers qui ont fait usage de l'huile d'olive
auront écrasé, pilé ce fruit, et en auront obtenu
une matière grasse, puis une huile grossière, et
en petite quantité. Par exemple, l'application de
l'eau chaude, sur laquelle se réunissent et surnagent plus volontiers que sur l'eau froide les molécules d'huile, suppose bien plus de réflexions que
la simple expression par des machines ; d'où il faut
croire qu'on a successivement employé diverses
méthodes.

Les instruments à faire l'huile décrits par Caton,
diffèrent, à beaucoup d'égards, des nôtres. Dans la
Maison rustique, de Charles Estienne et de Jean
Liébault, auteurs qui se rapprochent davantage de
notre temps, on trouve cette description de la
fabrication de l'huile :

« Il faut fouler aux pieds les olives avant de
» les mettre sous le pressoir, d'autant que l'huile

» des olives qui ont été foulées aux pieds est toujours
» meilleure , plus douce , plus claire , et agréable
» au manger en salade , que celle que l'on presse :
» toutefois, le fouler étant plus difficile que le presser,
» la façon plus commune de faire l'huile est au
» pressoir ; par quoi, avant que mettre les olives
» sous le pressoir , ne sera mal fait de leur rompre
» la chair et l'écorce avec une meule tournée tout
» doucement, afin que le *noyau qui gâte et corrompt*
» *le goût de l'huile ne soit rompu* (1) ; ce fait , il
» faut ramollir et moudre la chair plus fort, sous le
» pressoir, en y mettant quatre livres de sel (2), en
» chacun boisseau d'olives à part. Celui qui vuydera
» l'huile mettra à part, en vaisseaux propres à ce, les
» *trois sortes* d'huiles qui auront été exprimées, etc.»

On ne met plus de sel sur la pâte ; mais, dans quelques contrées de l'Italie, en Afrique, et surtout dans le Maroc, on foule encore les olives, non plus sous les pieds , mais sous les genoux.

-----

(1) Les anciens, au dire de Caton, n'écrasaient pas le noyau ; on verra plus loin , par une expérience faite par nous , que d'ailleurs , il ne contient pas d'huile en assez notable quantité pour payer le travail qu'il occasionne.

(2) Sans doute cette addition de sel avait pour but de précipiter les parties aqueuses de la chair de l'olive , puis de nettoyer plus facilement le noyau. L'eau chaude remplit bien mieux tous ces offices dans notre fabrication , où elle a surtout pour but de faire rendre à la pâte toute l'huile qu'elle contient.

Les anciens avaient plusieurs qualités d'huile. Nous voyons, par les écrits des agriculteurs, et notamment dans Pline, qu'ils appelaient *glaucinum* celle qu'on tirait en premier lieu, avant d'avoir soumis la pâte d'olive à la force du pressoir ; ce qu'ils comparaient au moût du vin ; on l'appelait aussi *oleum cibarium*, parce qu'elle s'employait crue à l'assaisonnement des aliments. *L'oleum tortivum* ou l'huile féconde, était celle qui découlait après le premier tour de presse ; elle servait aux usages ordinaires, mais non pas comme aliment. Enfin, la troisième huile était la plus grossière, bonne seulement à brûler pour les lampes.

L'huile que les anciens appelaient *omphacion* et *omphacinon* et *oleum viride*, non de sa couleur verte, mais à cause de son état imparfait, était tirée des olives encore vertes ou de leur chair acerbe: elle avait une qualité opposée à celle de l'huile ordinaire, c'est-à-dire qu'elle était styptique et astringente. (PLINE, *lib.* XII, *chap.* 27, et *Dioscoride*.)

On trouvera plus loin, au chapitre de la *Valeur des produits de l'olivier*, classé par régions, départements ou localités, quelques détails curieux et critiques sur les pratiques de culture ou de fabrication, spéciales et propres à chaque lieu de production. Nous n'avons pas jugé utile, ni même intéressant , de décrire les procédés de culture de l'olivier ou de fabrication de l'huile en Italie , en Grèce, en Espagne ou en Portugal. En Italie et en Grèce, où le climat et souvent le sol sont si favorables , où l'olive est presque devenue indigène , la culture a fait peu de progrès , et la fabrication n'a guère plus avancé.

On trouvera aussi , au chapitre *De l'olivier en Algérie ,* une description assez étendue des procédés de culture et de fabrication en usage dans notre colonie. Nous espérons qu'on lira avec intérêt ce travail , où la supériorité des méthodes perfectionnées de l'industrie moderne ressort si clairement, par la comparaison , d'avec les procédés primitifs de l'antiquité.

Nous n'entrerons pas dans la description minutieuse des manœuvres à l'aide desquelles on obtient l'huile ; nous nous contenterons de décrire rapidement les opérations principales et les résultats qu'elles donnent.

Diverses qualités d'huile.

On connait , dans le commerce , trois variétés principales d'huile d'olive , qui sont :

1º *L'huile vierge,* provenant du pressage à froid

des olives non fermentées : c'est la qualité la plus recherchée pour les usages alimentaires ;

2° *L'huile commune*, obtenue après l'extraction de la précédente, par un second pressage de la pulpe délayée préalablement dans l'eau chaude. Cette huile seconde est propre encore aux usages de la table, quoique d'une qualité inférieure à l'huile vierge. On l'emploie aussi dans la teinture en rouge turc ;

3° *L'huile de recense*, extraite, soit des résidus de la préparation des précédentes, soit directement, par le pressage répété des olives fermentées ou marcies (1). Elle ne sert que pour l'éclairage, et principalement pour la fabrication des savons.

On verra plus loin qu'il y a plusieurs qualités dans l'huile de recense, selon qu'on l'exprime de résidus plus ou moins oléagineux, selon qu'elle est plus épurée, clarifiée. L'huile qui provient des eaux des enfers est la plus imparfaite.

La fabrication de l'huile se compose des opérations suivantes :

Première période.

1° Broyage des olives ;

____

(1) On appelle olives *marcies* celles qui sont tombées de l'arbre, qui ont fermenté, qui déjà se plissent; enfin, les olives inférieures.

2º Premier pressage à froid ;

3º Deuxième pressage , après addition d'eau chaude ;

Seconde période.

4º Lavage et broyage des tourteaux :

5º Chauffage ;

6º Pressage.

Les deux phases de la fabrication s'exécutent dans des ateliers distincts : la première, au moulin à huile ; la seconde, au moulin *de recense.*

Quelques détails suffiront pour faire comprendre la nature de ces diverses opérations.

BROYAGE.

Il y a plusieurs manières de faire cette première trituration ; elle varie selon les contrées et selon les moyens dont on dispose. Le premier broyage se fait à l'aide d'une meule verticale , en bois , en fer ou en pierre , mue par les bras de l'homme , le cheval ou la vapeur ; la meule tourne dans une auge circulaire en pierre, où l'on jette les olives.

Au fur et à mesure que la pâte se forme, elle est rejetée dans des bassins de pierre.

Un peu plus tard , cette pâte est enfermée dans

des cabas, sortes de paniers ou sacs faits en sparterie (ou jonc d'Espagne).

Ces cabas sont alors portés au pressoir.

PREMIER PRESSAGE.

L'appareil en usage pour cette opération est un pressoir à vis en fer ou en fonte, peu différent de celui qu'on emploie pour la préparation du vin. Généralement la pression doit être lente et peu énergique ; aussi, est-il nécessaire de la répéter à plusieurs reprises, comme on le verra ci-dessous. La plate-forme où sont placés les cabas, au nombre, si l'on veut, d'une trentaine environ, est légèrement chauffée. L'huile exsudée qui ressort de cette opération est dirigée vers un bassin de pierre, fermé hermétiquement avec un cadenas, dont la clef est remise à l'employé de l'octroi, commis par l'administration pour percevoir le droit.

Quand les olives, soumises au pressoir, sont de bonne qualité, et n'ont pas fermenté, que l'opération est d'ailleurs faite avec les soins convenables, l'huile obtenue par ce premier pressage est l'huile vierge.

SECOND PRESSAGE.

Avant de soumettre la pâte au second pressage, il est nécessaire de l'*échauder* : on retire donc les cabas ou sacs qui ont subi le premier pressage ; on les immerge dans une cuve d'eau , au degré d'ébullition au moins , ou bien on les ouvre, et l'on y verse une certaine quantité d'eau bouillante , de 4 à 5 kilog. par cabas , puis on les replace aussitôt sur le pressoir.

On les presse de nouveau, et l'on obtient ainsi une nouvelle quantité d'huile. Celle-ci est l'huile commune employée aux mêmes usages que l'huile vierge , mais elle est de qualité inférieure.

Cette seconde pressée n'est pas, dans les localités où l'on tient à la qualité extrà, mêlée à l'huile vierge ; elle est, à son tour, dirigée dans un autre bassin de pierre , également fermé par l'employé de l'octroi.

On ne peut toucher à ces deux liquides , qui constituent véritablement l'huile comestible, qu'après quatre ou cinq heures de repos , et alors que l'huile surnage sur l'eau.

On recueille l'huile à l'aide d'une feuille de cuivre légèrement courbée et munie d'un manche (1) ; on la reporte dans de nouveaux bassins, où elle repose et se clarifie. A ce moment, l'octroi perçoit le droit (2).

---

(1) Ou une cassette en cuivre ou en fer-blanc avec un manche... Mauvais système.

(2) Toutes les villes ne frappent pas l'huile d'un droit d'octroi. A Nimes, le droit est de 75 centimes par 9 kilogrammes ou 10 litres d'huile.

9*

Avant de passer à une autre opération , disons que la chaleur de l'eau n'est pas indifférente : plus elle sera chaude, plus la séparation de l'huile de la pâte et de tous les corps étrangers sera rapide ; plus aussi cette séparation sera complète , et surtout plus l'huile sera fine , douce et parfaite. C'est donc doublement à tort que , dans certaines localités , comme à Salon , à Istres , Nyons , Clermont , on emploie l'eau à moitié bouillante, et seulement à la seconde pressée. On abandonne ainsi une notable quantité d'huile , et l'on n'obtient pas toute la perfection possible.

MANIPULATION DES GRIGNONS, RÉSIDUS, ETC.

La première période de la fabrication a fourni , sous forme de tourteaux ou *grignons,* un résidu qui renferme encore une notable proportion d'huile.

Voici maintenant les manipulations qui constituent la seconde période du travail , et qui a lieu sur les tourteaux , grignons , résidus , etc.

Lavages.

Nous comprenons , sous ce titre , un traitement multiple par lequel on sépare les noyaux de la pâte. Voici les diverses phases de ce traitement :

1º Les tourteaux , retirés du pressoir , sont

portés tout de suite à l'atelier de *recense* et placés dans des réservoirs : là on les humecte avec soin pour empêcher la fermentation.

2° La séparation des noyaux se fait par deux machines contiguës, dont l'action est la même, à peu de chose près.

La première de ces machines est une meule verticale, tournant dans un puits en maçonnerie ou en bois, et dans lequel on fait arriver un courant d'eau froide. Les tourteaux subissent, sous cette meule, une première trituration, et passent ensuite dans la seconde machine, semblable à la première, si ce n'est que la meule est plus lourde, et que l'arbre vertical est muni de bras qui remuent la pâte. Dans ces deux opérations, l'eau qui afflue dans les puits se charge des parties légères de la pâte, tandis que le bois des noyaux reste au fond des réservoirs.

3° On fait enfin écouler l'eau ainsi chargée dans une suite de bassins (trois généralement), qu'on appelle *enfers* (Voir page 195); ils communiquent de l'un à l'autre : on y écume successivement le liquide de manière à recueillir toutes les parties parenchymateuses qui surnagent, appelées huile des enfers.

Chauffage et Pression.

On chauffe ensuite la matière fournie par cette

opération dans de grandes chaudières, où elle reste, après l'ébullition, complétement débarrassée de l'eau interposée.

Ce point atteint, on replace la matière dans les cabas et l'on presse une fois encore. L'huile qu'on obtient dans cette dernière partie de la fabrication, ne peut servir qu'à l'éclairage ou à la préparation des savons.

Qui ne croirait que tout ce que l'on peut tirer des eaux et des résidus est enfin extrait? Il n'en est pas ainsi cependant : le fond des *enfers* nous réserve encore des produits utilisables , de l'huile même.

CHAPITRE XIII.

DES ENFERS

ET DERNIERS CONSEILS AUX TRITUREURS.

Dans le moulin à huile, trois bassins sont creusés superposés et se déversant l'un dans l'autre, à une certaine hauteur, par l'orifice d'un petit tuyau. La profondeur de chacun de ces bassins est d'environ 2^m80 de profondeur sur 2^m80 de largeur : ils sont revêtus, au fond et de côté, de pierres dures, liées au sable et à la chaux ; ils sont couverts en planches.

Le premier bassin reçoit l'afflux des eaux de lavage, les résidus de toute sorte ; la pesanteur spécifique des matières et des eaux les précipitent au fond, où elles rencontrent, à un certain point, le tuyau déverseur (*cantaploure*, en provençal), par lequel elles tombent dans le *deuxième* bassin, d'où elles passent, par le même effet, dans le *troi-*

sième, laissant enfin échapper un liquide roussâtre, ne contenant plus de parties huileuses ; celles-ci, plus légères, surnagent à la surface des bassins, où cette huile inférieure est recueillie pour servir à divers usages.

Cette opération s'accomplit dans les dix ou douze jours. Dans quelques villes, l'octroi municipal prélève également un droit sur cette huile.

Nous avons vu, dans plusieurs villages, de grandes cuves en bois faire l'office d'enfers, où l'eau montait par une pompe refoulante : ceux-là sont nommés *enfers découverts.* On retire de ces résidus, de la façon que nous indiquons plus haut, c'est-à-dire par l'ébullition et un dernier pressage, une huile très-colorée, très-verdâtre, et d'un goût peu agréable.

On verra, à la fin du chapitre des *Analyses de l'olive,* un compte de frais très-intéressant de la trituration de 2,400 kilog. d'olives ; on remarquera le chiffre instructif d'huile tiré des *enfers.*

Dans les moulins à recense, montés aux nouveaux systèmes en fonte ou en fer, et qui sont mus par la vapeur ou par un courant d'eau qui leur donne l'activité toute l'année, le marc final est broyé avec soin ; on en retire encore, par 600 kilogrammes d'olives, 8 à 10 kilogrammes d'huile, vendue de 60 à 70 fr. les 100 kilogrammes.

On procède ainsi : on fait bouillir la pulpe dans une chaudière pendant trois à quatre heures ; on laisse ensuite reposer le liquide. Les matières lourdes se précipitent au fond de la chaudière , et l'on retire alors une huile qui , quoique bourbeuse , se vend encore pour brûler, surtout dans le Var et l'Hérault, où l'on triture très-mal , séparant à peine le noyau de la pulpe.

Les tourteaux , résidus derniers , entièrement privés de parcelles oléagineuses , hachés , divisés **très-menus**, ou réduits en poudre grossière , peuvent faire un excellent engrais. Dans quelques localités , où l'on ne sait pas encore apprécier cette dernière valeur des résidus , ils sont séchés , puis brûlés... mais les cendres elles-mêmes de ces résidus brûlés pourraient être utilisées sur les terres ; car j'ai constaté, par expérience , qu'elles contiennent une notable portion d'alcali.

Nous ajouterons à tout ce qui vient d'être dit sur la fabrication de l'huile , quelques conseils derniers qui, pour être vulgaires , n'en sont pas moins importants.

Les deux conditions fondamentales et indispensables pour obtenir de l'huile d'olive fine, sont : le détritage des olives fraîchement cueillies , ensuite l'extrême propreté des machines et ustensiles devant servir à la fabrication.

Après le travail du moulin , et après qu'on a retiré l'huile des enfers , qu'on doit vider entière-ment , on procède au nettoyage complet.

D'abord , il ne faut jamais employer l'eau froide pour l'extraction de l'huile fine, et ne se servir, pour ce travail , que de cabas bien propres et employés seulement à cette opération. Cependant on se gar-dera de se servir , pour l'huile vierge , de cabas absolument neufs ; ils communiqueraient à l'huile un goût désagréable : les cabas devront avoir servi un peu d'abord aux huiles de seconde qualité, mais, en tous cas , être bien lavés.

Un moulin à huile bien tenu doit avoir un fort ap-provisionnement de cabas, afin de pouvoir toujours en affecter un nombre suffisant à chaque qualité d'huile.

Il faut donc , dès le commencement de la récolte, nettoyer le bassin de détritage et les meules , les piles , les pressoirs , les récipients à huile , les cabas , et enfin tout ce qui compose le matériel du moulin à huile. Pour mettre les appareils et usten-siles dans un état de propreté convenable , on fait une lessive formée de quatre parties de sel de soude sur cent parties d'eau. Lorsque cette lessive est en ébullition, on en arrose toutes les parties du moulin que l'on veut nettoyer, et on les frotte fortement avec une brosse. Quant aux cabas, on les jette dans la lessive bouillante ; on les passe ensuite sous le pressoir, et on les presse avec force pour leur faire rendre toutes les impuretés dont ils peuvent être souillés. Si l'on destine au travail du moulin des cabas qui n'aient pas encore servi, il ne faut pas négliger de leur faire subir la même opération, car le sparte contient une matière colorante et un principe salin qui pourraient influer, ainsi que nous l'avons dit plus haut, sur la qualité de l'huile. On termine le nettoiement de tous les appareils et ustensiles par un rinçage à l'eau froide, et l'on aura soin de laisser ensuite les portes et fenêtres du moulin ouvertes, afin de sécher promptement tout ce qui a été nettoyé.

Quel que soit l'usage auquel l'huile est destinée, elle ne doit être livrée à la consommation qu'après une sorte d'épuration qu'elle subit spontanément par le repos. On la recueille, à cet effet, en sortant du moulin, dans des réservoirs appropriés, où elle séjourne pendant longtemps. Il se forme, dans ces réservoirs, un dépôt plus ou moins abondant, et l'huile, décantée, devenue ainsi claire et limpide, peut être mise dans le commerce.

CHAPITRE XIV.

FRAICHEUR DE GOUT DE L'HUILE.

PROCÉDÉ SIMPLE DE CLARIFICATION.

Oleum delectari... gustum olfactumque non habere.
(VARRON , *De re rustic.*)

Nous sommes bien loin du temps où les gourmets de la Rome antique , les Lucullus , les Silanus , etc. , proclamaient l'huile *licienne* au-dessus de toutes les huiles ; venaient ensuite celles de la Sicile , de l'Istrie , de la Bétique ; enfin , celle de Venafre *(Vanafranam)*... Les huiles que l'on fait maintenant dans ces contrées, et qui ne doivent pas être bien différentes de celles chantées par Ovide et Virgile, ne pourraient soutenir la comparaison avec nos liquides si onctueux et si fins de Provence , même les plus ordinaires , tant pour le goût que pour la limpidité. A peine les huiles vendues à Nice et celles de la rivière de Gênes , peuvent-elles , après l'épuration , entrer dans la consommation , mêlées à nos produits du Midi.

En Espagne et en Portugal , excepté dans quelques rares localités , la fabrication de l'huile est plus inférieure encore.

L'extraction de l'huile, de nos jours, a reçu, en France surtout , de grands perfectionnements , et les produits , par suite , se sont considérablement améliorés. On peut dire qu'il ne se fabrique nulle part , même en Italie , où l'olive est incomparablement meilleure , plus abondante que dans nos régions , une huile comestible supérieure à celle qui se produit dans le midi de la France : sa saveur fraîche, sans arrière-goût désagréable , inaccessible à la rancidité, tant qu'elle n'est point exposée à l'air libre , sa belle couleur , sa limpidité , sa finesse , la font rechercher des connaisseurs les plus difficiles de cette Europe, toujours si préoccupée d'augmenter le confort d'une vie que les merveilles de l'industrie rendent de plus en plus habile à jouir des dons de la nature et de la science...

Nous sommes plus difficiles que les anciens et que nos ancêtres sur les qualités de l'huile : excepté l'odeur de l'olive, que même les plus fines accusent quand elles sont nouvelles , les huiles doivent être inodores pour être agréables au goût et à l'odorat.

C'est le propre des huiles grasses et par expression, faites avec soin, d'être peu odorantes et de ne rien retenir des autres principes qui les accompagnent dans le fruit.

De tout temps, on a cherché à conserver à l'huile cette fraîcheur de goût, cette saveur si légère et si agréable de l'olive, qui est l'une des supériorités incontestées de notre oléagineux sur tous les liquides de même nature. Malgré toutes les précautions de propreté, malgré toutes les filtrations, l'huile la meilleure n'est pas exempte, au bout d'un temps plus ou moins long, d'une certaine causticité qui se fait sentir à la bouche quand l'odorat n'a pas été averti par une émanation rancidienne.

A notre avis, ce grave inconvénient provient d'une clarification trop lentement accomplie, soit à l'aide d'un repos trop long dans les bacs, soit à l'aide de fréquentes filtrations traversées par un air qui peut se trouver accidentellement, ou d'habitude imprégné d'acidité.

Partant de ce principe, nous avons cherché à abréger, sinon à supprimer presque l'opération de la clarification.

Nous avons composé, à cet effet, un sel *anti-alcalineux* (1), pour lequel nous avons pris un

____

(1) Le dépôt de cette substance a été fait au greffe du tribunal de commerce de Nîmes (Gard).

brevet. De' nombreuses expériences ont été faites : elles ont toutes réussi, et nous pourrions citer bon nombre de propriétaires qui nous ont adressé des lettres (1) où ils se félicitent de l'emploi de notre ingrédient, qui, en outre d'une clarification rapide, complète, qui ne laisse aucun dépôt, conserve à l'huile sa plus délicate saveur, donne un rendement de 12 à 14 p. 0/0 en plus de notre précieux liquide.

Voici comment nous procédons :

Le sel anti-alcalineux de notre composition est divisé en autant de parties qu'il y a de moutures, et jeté sur les olives au moment où ces dernières vont passer sous le cylindre pour être broyées ; son emploi sera d'autant plus efficace que les cabas contiendront moins de pâte, et que l'eau versée dans les cabas sera portée à une plus haute ébullition au moment de mettre sous le pressoir.

La dose est de 3 kilog. 300 grammes de sel anti-alcalineux pour triturer 600 kil. olives (ou une *prinse* de 40 déc.), ou bien 1 kil. 650 gr. pour

____

(1) MM. Chauvet, propriétaire de moulin à Bernis (Gard) ; Gros, propriétaire à Bellegarde ; Gauffrès, à Vergèze ; Solignac, d'Aniane (Hérault) ; Blanc, propriétaire à Maussane (Bouches-du-Rhône), etc., etc.

300 kil. olives (ou *demi-prinse* de 20 déc.), en le divisant par sacs ou par mesures.

L'huile sera d'autant meilleure que le fruit sera de bon goût, se trouvera à maturité, et aura été nettoyé de toute matière bourbeuse.

Nous allons maintenant compléter nos indications sur la fabrication la plus productive et la meilleure de l'huile, à notre avis, par l'exposé d'expériences qui nous sont personnelles sur le rendement d'huile de l'olive.

CHAPITRE XV.

ANALYSES DE L'OLIVE,

DE SON NOYAU ET DE SON AMANDE.

> Olivæ constant carne, amygdalaque nucleo,
> oleo, amurca.
>
> (PLINE, liv. XII.)
>
> Neque nucleis ad oleum utatur : nam si utetur
> oleum male sapiet.
>
> (CATON, *De re rusticâ.*)

Les écrivains géoponiques (1), les chimistes et les agronomes modernes se sont livrés à nombre d'expériences pour savoir si le noyau et l'amande de l'olive devaient être broyés ensemble.

Nous avons dit ailleurs que, sur ce point, Pline, Caton, Columelle, et surtout Varron, étaient convaincus que le noyau et son amande communiquaient de l'âcreté à l'huile et accéléraient sa rancidité. Il y a bien peu d'exceptions aujourd'hui, parmi les

____

(1) Pline avait divisé l'olive en cinq parties : la chair, le noyau, l'amande, l'huile et la lie, sanie ou crasse (*amurca* ou *fæx*), que les Provençaux appellent *crasso d'oli*, et les Espagnols, *solada*.

hommes de science et de pratique , pour ne point conseiller de broyer seule la pulpe de l'olive et de rejeter avec soin les noyaux et l'amande. Nous irons plus loin : nous dirons qu'il est résulté pour nous, jusqu'à la dernière évidence, d'expériences répétées et minutieuses : 1° que non-seulement le noyau et l'amande broyés avec l'olive donnaient à l'huile un goût désagréable et activaient sa détérioration, mais 2° que ces deux parties (le noyau et l'amande) contenaient très-peu d'huile , et que les débris du noyau , mal broyés , peuvent déranger la régularité l'action du pressoir.

En premier lieu, je dirai que, malgré leurs moyens mécaniques si imparfaits, l'opinion des écrivains de l'antiquité est pleinement vérifiée. Je citerai d'abord, à l'appui, deux autorités scientifiques incontestables ; puis j'exposerai ma propre expérience sur les trois parties constitutives de notre fruit, au triple point le vue de la nature , de la qualité et de la quantité l'huile trouvée.

En 1750, le savant médecin chimiste Gourraigues, le l'Académie de Montpellier, établit, par des expériences de laboratoire, que « c'était principalement de la chair des olives que provenait l'huile , et que les noyaux et les amandes en donnaient fort peu. » Le même chimiste reconnaît, au reste, dans

le même mémoire, « que la chair des olives, triturée
» dans un mortier de marbre, donnait moins d'huile
» que celle réduite en pâte au moulin. »

M. Sieuve, de Marseille, auteur d'un excellent
ouvrage sur la culture de l'olivier et sur la fabrication de l'huile d'olive (1799), inventeur de plusieurs
machines perfectionnées, a écrit qu'il « n'a extrait
» des noyaux concassés, mais qu'il n'a pu réduire
» en une pâte liante qu'une très-petite quantité d'une
» huile sulfureuse et fétide » ; quant à l'amande, elle
« ne lui a constamment donné qu'un liquide oléa-
» gineux sans doute, mais caustique et corrosif.»

M. Sieuve voulut faire une expérience compara-
tive de ces huiles avec celle de la pulpe d'olive. A
cet effet, il mit de chacune de ces trois sortes
d'huile dans des bouteilles séparées ; dans une
quatrième, il fit un mélange d'égales parties de ces
trois sortes d'huile, et dans une cinquième bouteille, il versa de bonne huile extraite des trois
parties de l'olive (pulpe, noyau et amande). Ayant
gardé pendant trois ans ces cinq bouteilles bien
bouchées, sur une fenêtre exposée au Midi, et les
ayant ouvertes après ce temps, il put constater que :
1º la bouteille qui contenait la bonne huile, celle
extraite de la chair des olives, fut trouvée intacte,
avec son odeur, son goût naturel, et sans qu'elle eût

formé aucun dépôt ; 2° l'huile tirée des amandes avait perdu sa limpidité , était devenue jaunâtre et d'un goût si piquant et si corrosif, qu'elle occasionna de petits ulcères dans la bouche ; 3° l'huile provenant du bois des noyaux était entièrement dénaturée ; elle était épaissie et était devenue presque noire : elle exhalait une odeur des plus fortes ; 4° la bouteille contenant le mélange des trois huiles , présentait une liqueur trouble , obscure , d'une odeur rance , forte et désagréable , avec un dépôt considérable. L'huile de la cinquième bouteille , ou l'huile ordinaire , fut trouvée tout aussi corrompue que la précédente.

Nous ne ferons qu'une observation sur ces expériences très-curieuses cependant : c'est que si l'huile la plus pure ne s'est point gâtée dans cette rude épreuve , la corruption des autres ne prouve point qu'elles n'eussent pu conserver leur qualité première dans les lieux frais où on les garde ordinairement.

Venons maintenant à nos expériences , tant sur le rendement des olives, sous diverses températures, que sur le traitement des noyaux et de l'amande ; enfin . sur les comparaisons des diverses variétés d'olives entre elles , au point de vue de la production de l'huile.

Première expérience.

Olives mûres exposées au froid.

En 1853, nous avons exposé 165 olives picho-lines du Gard (250 grammes) à une température de 5 à 6 degrés au-dessous de zéro (Réaumur). Le lendemain matin, le froid, sans les geler, les avait flétries ; elles n'avaient pas perdu en poids, et donnèrent la même quantité d'huile que des olives de même espèce et poids qui n'avaient pas été soumises au froid.

Le même poids, le même nombre d'olives soumises à une température de 10 à 15 degrés au-dessus de zéro, perdit 65 grammes du poids ; la quantité d'huile extraite resta la même, l'eau seulement avait disparu.

250 grammes d'olives négrettes des Bouches-du-Rhône, exposées pendant la même nuit à la même température que les picholines, perdirent de leur poids 70 grammes, mais point d'huile.

Remarque. — On le voit, le froid ne fait rien ou peu de chose au fruit de l'olivier, mais l'arbre souffre de la gelée, en ce qu'elle coagule, oxyde ou dénature la sève qui le nourrit ; il risque alors de tomber dans l'épuisement pendant deux à trois ans, et même de mourir, si le vigneron soigneux et habile n'y prend garde.

Deuxième expérience.

Le noyau ne rend pas d'huile.

Nous avons coupé cinquante noyaux, dont nous avons extrait quarante-cinq amandes (cinq avaient été mangées par les vers) ; ces cinquante bois de noyaux, bien pilés dans le mortier, ont été mis dans une cloche en verre avec un demi-litre d'eau bouillante (250 grammes).

Après trois heures de repos, nous n'avons pu reconnaître que quelques marques d'huile, peut-être même partie était-elle due aux parcelles de pulpe restées sur les noyaux.

Le bois des noyaux ne produit donc point d'huile pour en donner le poids.

Troisième expérience.

L'amande contient peu d'huile.

Nous avons fait subir aux quarante-cinq amandes extraites les mêmes opérations que pour le bois de leurs noyaux ; ces amandes ont donné une petite quantité d'huile dont nous n'avons pu préciser le poids.

Quatrième expérience.

La pulpe, travaillée seule, rend davantage d'huile.

Nous avons pris cinquante olives picholines de
Nimes ; nous en avons enlevé la pulpe très-propre-
ment ; nous avons pilé cette pulpe (bien entendu
les noyaux extraits) dans un mortier en fonte :
nous avons obtenu une pâte verdâtre, qui fut mise
dans une cloche en verre avec un demi-litre d'eau
bouillante (250 grammes). Trois heures après, nous
retirions un gramme d'huile : il restait 250 grammes d'eau rougeâtre ; cette eau a été versée dans une
autre cloche ; elle montrait d'abondantes molécules
d'huile surnageant. Cette pâte, pressée dans un
linge propre, a fourni un second gramme d'huile.

Une nouvelle immersion dans l'eau bouillante et
un nouveau pressage nous a donné encore quelques
centigrammes, bien près d'un demi-gramme d'huile.

Le marc de la pulpe, une dernière fois lavé, n'a
plus rien rendu.

Cinquième expérience.

L'olive entière donne moins d'huile.

Le même nombre d'olives picholines entières ,
c'est-à-dire avec les noyaux contenant les amandes,

le tout pilé ensemble, soumis à la même série d'opérations, n'a plus produit que deux grammes d'huile.

On remarquera, dans cette dernière expérience, une différence assez notable dans le rendement d'huile, soit quelques centigrammes (près d'un demi-gramme); cette différence est certainement représentée : 1° par la trituration imparfaite qui résulte toujours du broyage ensemble des trois parties de l'olive (pulpe, noyaux, amandes); 2° par la marche irrégulière du pressoir sur le bois concassé des noyaux, qui, ne se réduisant jamais en pâte, recèle toujours des parcelles d'huile dans ses cavités.

Sans doute, on objectera que la quantité totale d'olives sur laquelle repose l'expérience ne permet pas de donner des résultats chiffrés absolus ; mais il suffit que l'on conçoive, que l'on accepte une différence, si minime soit-elle, à laquelle on devra ajouter le grave inconvénient de broyer avec la masse le principe rancideux que les chimistes ont reconnu résider spécialement dans le noyau et l'amande. N'est-ce point assez déjà que d'avoir à extraire le liquide aqueux et âcre que contient la pulpe ?

Sixième expérience.

Inégalité de rendement des variétés d'olives.

Nous avons cherché à nous rendre compte, dans une série d'expériences comparatives, faites sur des nombres identiques de diverses variétés d'olives , mais venues sur des terroirs différents, du rendement d'huile. Les résultats trouvés ont accusé des poids inégaux , qu'il est bon de connaitre.

Voici ces résultats :

Olives : 50 de chaque variété.

	Huile en grammes.
Olives colliasses de Nimes	2 1/2
id. saourins de Marseille	2 1/2
id. tripardes d'Avignon	2 1/2
id. négrettes de Nyons	2 1 6
id. vermillaou de Toulon	5 »
Négrettes de Nimes	2 »
Verdales de Nimes	2 »
Plants de Salon (Bouches-du-Rhône)	5 1 2
Saourins et vermillaou id.	5 »
id. et id. de Draguignan et Grasse	3 »
Picholines et saourins de Pézénas	2 1 4
Verdales et lucques de Gignac	2 »
id. de Clermont	2 1 4
Verdales, lucques et amellaou d'Aniane	2 »
Olives (différ. variétés) de Perpignan	2 1 4

Quelques remarques sont à ajouter à ces chiffres pour les expliquer ; ainsi, par exemple, les olives données par le plant de Salon , les amellaou et les verdales sont plus grosses , ont peu de pulpe ; et bien qu'elles accusent , dans le tableau ci-dessus , un chiffre plus élevé que les autres variétés , elles produisent relativement moins d'huile cependant.— Le saourin et le vermillaou dans le Gard, les picholines des Bouches-du-Rhône, l'amellaou et la lucques du Var , donnent des quantités et des qualités à peu près égales. — Les variétés d'olives de Vaucluse correspondent aux mêmes variétés du Gard, à quelques différences en moins pour les premières.

Septième expérience.

Confirmation de la différence du rendement des variétés.

Après avoir expérimenté sur des nombres minimes , mais fixes , d'olives , nous avons voulu , à titre de renseignements , relever, sur de forts mais variables nombres et poids , les chiffres de rendement d'huile fournis par diverses variétés à l'aide d'identiques opérations faites sous nos yeux. Nous avons , à cet effet , dressé le tableau suivant.

POIDS.		VARIÉTÉS D'OLIVES	DÉPARTEMENTS.	NOMBRE d'olives.	HUILE.		LES 0|0 KIL. Fr. 162.	
kilos.	gram.				kilos.	gram.	fr.	c.
»	250	Picholines	Gard	162	»	13	»	»
»	250	Saourin, vermillaou	Bouches-du-Rhône	180	»	14	»	»
»	250	Amellaou , verdales, lucques	Hérault	145	»	10	»	»
»	250	Négrettes, tripardes. picholines, verdales.	Vaucluse	160	»	12	»	»
»	250	Plants de Salon	Bouches-du-Rhône	195	»	19	»	»
14	800	Picholines	Gard	9,425	1	825	5	15
14	800	Plants de Salon	Bouches-du-Rhône	10,540	2	400	5	85
14	800	Verdales, lucques, amellaou	Hérault	8,600	1	610	2	90
14	800	Négrettes tripardes	Vaucluse	10,100	1	700	2	85
75	»	Picholines	Gard	45,800	8	800	14	50
75	»	Plants de Salon	Bouches-du-Rhône	54,700	9	700	16	20
75	»	Saourin, vermillaou	Var	50,100	9	100	15	05
75	»	Amellaou, verdales, lucques	Pyrénées-Orient., Hérault	40,450	7	750	12	80
600	»	Picholines	Gard	377,150	72	200	119	15
600	»	Plants de Salon	Bouches-du-Rhône	425,000	90	400	149	15
600	»	Verdales, amellaou, lucques	Hérault	511,200	65	100	107	45
2,400	»	Picholines	Gard	»	288	700	468	55
2,400	»	Plants de Salon	Bouches-du-Rhône	»	561	»	585	65
2,400	»	Verdales, amellaou, lucques	Hérault	»	260	400	422	66
2,400	»	Saourin, vermillaou	Var	»	291	200	472	50

Pour ne point allonger un travail déjà considérable, nous ne raisonnerons pas ces chiffres ; nous nous sommes contentés de placer, au-dessous l'une de l'autre, les quantités identiques en poids total : la différence de rendement n'en ressort que mieux. Le nombre des olives, également indiqué, fournit un élément de plus à cette démonstration évaluative.

Huitième expérience.

Rendement d'un arbre exceptionnel.

En 1850, dans un voyage que nous fîmes dans le Var, nous achetâmes la récolte d'un olivier magnifique, et dont l'âge était estimé entre 225 et 250 ans. Cet olivier donna :

278,020 olives, soit 350 kilos, qui firent 42 kilos d'huile, à 170 fr. les 100 kilos, 71 fr. 40.

Il est vrai que les fruits furent ramassés à la main, ce qui était contraire aux habitudes de la contrée, qui gaule encore ses oliviers.

Sans doute, tous les oliviers ne donnent pas une pareille récolte, et nous devons dire que c'est le seul que nous ayons vu de cette taille sur tout le littoral de la Méditerranée.

En effet, nous avons relevé le compte succinct les produits d'oliviers de divers âges.

Nous voyons qu'après six ans de pépinière et quatre ans de verger, soit dix ans d'âge, un olivier donne, année moyenne, 3 kilog. d'olives, qui produisent 240 grammes d'huile, à 165 fr. les 100 kilos. . . . . F. » 60

Un olivier âgé de 20 ans. 1 50

de 30 ans. 2 55

de 50 ans. 3 80

de 100 ans 9 95

Ce sont le saourin, le vermillaou, le plant de Salon et la picholine, qui peuvent obtenir cette moyenne. Nous sommes loin, on le voit, des produits de l'olivier de 250 ans !

Neuvième expérience.

Compte de frais de 2,400 kilogrammes d'olives converties en huile.

Il nous a paru aussi utile qu'intéressant de relever le compte exact de ce que coûtent, en moyenne, 2,400 kilogrammes (1) d'olives, converties en huile dans l'espace de vingt-quatre heures, et par un seul moulin, monté non à la plus excellente et dernière méthode, mais par le système employé le plus généralement par les producteurs intelligents,

(1) Ou 160 doubles décalitres de 14 kil. 800 grammes.

c'est-à-dire un seul cylindre, deux vis, une presse en fer ou en bois. — Quant au moteur, nous chiffrerons sur la force la plus à portée de tout le monde, celle du cheval. Sans doute la vapeur, ou mieux encore, une chute d'eau naturelle (1), seraient plus économiques; mais tous les propriétaires n'ont pas à leur disposition ces puissants moyens. Le salaire des ouvriers donnera certainement un chiffre moindre dans les villages que dans les villes ; mais, d'autre part, ce bénéfice sera facilement absorbé par la nécessité, dans les villages, de faire enlever et reporter chez le propriétaire, d'abord les olives, ensuite l'huile. A propos des moulins de village, une dernière observation reste à faire : c'est l'habitude plus généralement répandue d'y payer tous les travaux en nature, plus volontiers qu'en argent ; de telle sorte que le moulineur se verra abandonner une partie d'huile en paiement, et lui-même paiera, à son tour, sa main d'œuvre de la même façon. Selon nous, le paiement en nature a plus d'un inconvénient, autant pour le pro-

---

(1) On peut évaluer de 5 à 6 fr. par jour l'économie de l'un ou l'autre de ces deux moteurs. Avec la chute d'eau, il faudra toujours chauffer l'eau pour les manipulations, tandis que le combustible nécessaire à la production de la vapeur servira en même temps à chauffer l'eau des lavages : cela se compense donc à très-peu près.

priétaire d'olives que pour celui qui tient le moulin. Pour le commerce en général , pour la circulation rapide, pour la pureté des produits, pour la facilité des transactions, le solde en argent sera toujours de beaucoup préférable : l'échange des produits contre des produits , ou l'échange du travail contre des produits , c'est le mode des tribus nomades , des peuples au premier âge. L'argent, circulant normalement, c'est-à-dire avec intérêt léger, c'est la valeur prenant la vie par le mouvement et tendant au mieux possible de la satisfaction des besoins sociaux.

Mais venons au compte des frais que coûtera au propriétaire du moulin la trituration de 2,400 kilos d'olives , dans l'espace de vingt-quatre heures, soit une journée, car c'est par journée que se paient tous les salaires :

Nous établirons ce compte sur les chiffres qui nous sont fournis dans le Gard ; les usages, dans les pays à olives, sont très-différents ; mais les prix se rapprochent tellement au total , que cela revient au même. Ainsi , dans telle contrée , ce sera le vingtième que prélèvera le moulineur sur la quantité d'huile qu'il rendra ; dans tel autre pays , il se contentera de ce que recèlent les enfers ; ailleurs, il gardera les marcs , ou bien , il se fera payer en argent , sur telle ou telle mesure d'olive ou d'huile.

On devra cependant faire cette réserve : que, nulle part, le propriétaire des olives , par la précipitation plus ou moins grande de la trituration , ne saura jamais, d'une façon exacte, ce que lui ravissent ces affreux enfers...

Il ressortira, de notre compte, un fait curieux : c'est le rendement, à peu près inconnu , que donnent les enfers , à la suite de toutes les opérations que nous venons de décrire. En effet, ce n'est qu'au bout d'un certain temps que les eaux de lavage , accumulées dans ces réservoirs , si bien nommés , sans doute de ce que le moulineur seul en connaît le fond , donnent, par le repos, une notable quantité d'huile plus ou moins bonne et un produit (la crasse) qui trouve facilement acquéreur.

Voici nos chiffres, dont on reconnaîtra l'exactitude :

La trituration de 2,400 kil. ou 160 décalitres d'olives coûte :

Main d'œuvre , combustible , éclairage ,
loyer et frais de moulin . . . . F. 71   »
Le propriétaire d'olives donne pour cette opération, c'est-à-dire pour triturer 2,400 kilog. d'olives , pour le tout 44 60

Perte du moulineur 26 40

Mais les enfers rendent, après repos ,
60 kil. d'huile, à fr. 110 les % kil. 66 }
    crasse ou lie . . . . 4 } 70 »

Bénéfice du moulineur, tous frais payés. 43 60 .

On peut facilement se rendre compte du bénéfice que ferait un industriel moulineur, qui aurait à sa disposition plusieurs moulins pouvant triturer, chacun par jour, 2,400 kil. d'olives. On voit que l'industrie n'est pas improductive.

CINQUIEME PARTIE

DES PRODUITS DE L'OLIVIER

ET DE LEUR VALEUR.

Dans les départements du Gard (par arrondissements), — de l'Hérault, — de l'Aude, — des Pyrénées-Orientales, — de l'Ardèche, — de Vaucluse, — des Bouches-du-Rhône, — des Basses-Alpes, — du Var. — Ce que la France consomme d'huile d'olive, ce qu'elle en produit, ce qu'elle en reçoit de l'étranger : importation, exportation.

CHAPITRE XVI.

VALEUR DES PRODUITS DE L'OLIVIER

DANS LES DÉPARTEMENTS PRODUCTEURS.

La statistique est l'inventaire de la
richesse des nations.
(Adam SMITH.)

Nous avions conçu le dessein de dresser une statistique générale pour la France et ses colonies,
de la richesse culturale, de la production industrielle, enfin de la somme totale des transactions
auxquelles donne lieu l'olivier, le commerce des
olives et la fabrication des huiles ; mais, malgré
nos patientes recherches, nous n'avons pu jusqu'ici
arriver à un résultat satisfaisant. On verra plus
loin, à la fin de ce chapitre, aux *Notes statistiques,*
quels obstacles nous avons rencontrés. Nous réuni-
rons néanmoins ici les chiffres et les renseignements que nous avons pu nous procurer près de
l'administration et à l'aide de nos relations commer-
ciales. On remarquera, classées à chaque départe-

ment , quelques notes , assez curieuses , sur le nombre des moulins à huile , sur les pratiques de culture et de fabrication propres à chaque localité. Sans doute , on trouvera ce travail bien incomplet , bien insuffisant; mais nous espérons que nos confrères des cultures et de l'industrie , tout en nous tenant compte de nos bonnes intentions , nous mettront à même, par leurs renseignements exacts, de faire une véritable statistique des produits de notre cher arbuste. Dès aujourd'hui , nous leur faisons cordial appel ; leurs communications trouveront place dans une autre édition.

DÉPARTEMENT DU GARD [1]

Les terres, aux environs de Nimes , sont pierreuses , rocailleuses , rouges , argileuses , par conséquent très-propres à l'olivier.

Dans le nord du département du Gard , les terres pierreuses , blanchâtres , chargées de sulfure

---

(1) On remarquera cette statistique. : voilà le modèle, ou à peu près , que nous voudrions voir adopter pour chaque département. — Nous devons les renseignements qui y sont inscrits , d'abord à l'administration publique, qui a bien voulu faciliter nos recherches , puis , et surtout, à nos confrères ; nous serions heureux de pouvoir publier un travail aussi complet sur les autres départements, et nous recevrons , avec reconnaissance . tous les renseignements qu'on voudra bien nous envoyer.

de chaux , de marnes ferrugineuses, et contenant, en outre, beaucoup de sulfate de fer, de manganèse, d'argent-vif et de zinc , sont moins favorables à l'olivier.

On pourrait croire que , avec une partie de terrains peu propres à la culture de notre arbre , le Gard récolte médiocrement d'olives et fait peu d'huile ; il n'en est rien cependant : l'industrieuse activité des habitants a suppléé, sur certains points, à l'ingratitude relative du terrain par une fumure bien appropriée. Sur les terres favorables , elle a multiplié plus encore la production par la bonne entente de la culture. Disons cependant que , dans le département , notamment dans les Cévennes , même dans les environs de Nimes , bien des terrains , bien des garrigues sont envahis par le buis, le romarin , etc. , tandis que l'olivier pourrait y produire de bons fruits à faire huile. Quelques encouragements donneraient certainement de l'émulation aux propriétaires de ces terrains , aujourd'hui , hélas ! presque inutiles.

Voici la statistique productive du département.

Arrondissement de Nimes.

La ville de Nimes possède 10 moulins à huile, fonctionnant un mois environ, qui ont donné, d'après les chiffres du bureau central de l'octroi, en 1861 , 2,050 hectolitres d'huile, en moyenne , à 170 fr. l'hectolitre. . . . . F.   348,500

Dans l'arrondissement de Nimes, il y a 54 villages ou gros bourgs, possédant ensemble 125 moulins à huile , fonctionnant, en moyenne , un mois, qui ont donné un total de 22,425 hectolitres d'huile , à 170 fr. 3,812,250

Cet arrondissement a créé 10 moulins nouveaux ; ils ont fait 2,050 hectolitres d'huile , malgré la perte des oliviers en 1855.

Olives confites, préparées dans notre arrondissement, soit avec notre lessive, soit à la cendre ou à la chaux, et qui sont exportées ou servent à la consommation intérieure, ont produit, année moyenne. . . . . . . , ... 225,715

Les olives abattues ou cassées dans la

A reporter. . . . 4,386,465

Report. . . 4,586,465

ville de Nimes, ainsi que dans les villages de l'arrondissement, et livrées au
commerce, ont produit une somme de   151,276

Les olives noires confites, taillées
ou piquées pour la consommation ou
pour le commerce.   11,206

Olives vertes, non confites, sortant du
département pour aller approvisionner
les marchés d'Avignon, de Carpentras,
de tout le département de Vaucluse,
et de celui des Bouches-du-Rhône,
année moyenne   90,415

Olives oubliées à la cueillette, qui
restent ou se perdent sous les arbres.   2,416

Olives jetées à terre, soit par le
vent, soit par les vers, soit en les cueil-
lant, ou qu'on laisse pourrir sur le sol   9,500

275 hectolitres d'huile, qui se font
hors de l'arrondissement de Nimes,
dans les villages de Lafoux, Saint-
Privat, Saint-Geniès, et autres, et dont
les olives sont de l'arrondissement; à
170 fr.   46,750

Total de l'arrondissement de Nimes.   4,697,828

La ville de Nimes a perdu, en douze ans, deux moulins à huile, et 1,159 hectolitres d'huile.

Il est entré, à Nimes, en 1861, pour la consommation intérieure, 7,155 hectolitres d'huile, provenant des départements des Bouches-du-Rhône, du Var, des Alpes-Maritimes, et qu'on peut porter, en moyenne, à 155 fr. l'hectolitre, soit 1,109,025

Arrondissement du Vigan.

Cet arrondissement compte 17 villages ou gros bourgs, ayant ensemble 52 moulins à huile, fonctionnant, l'un dans l'autre, environ 22 jours, lesquels, réunis, produisent, année moyenne, 2,162 hectolitres d'huile ; au prix moyen de 170 fr. 567,540

La quantité d'olives confites est presque nulle dans l'arrondissement ; on peut les porter pour un total de.   5,025

Total des produits dans l'arrondissement du Vigan. 570,565

Dans cet arrondissement, nous avons compté

37 moulins à huile, fermés par manque d'olives, ce qui fait plus de la moitié ; ceux qui restent suffisent à peine au quart de la consommation.

Arrondissement d'Alais.

L'arrondissement d'Alais présente, à peu de chose près, les mêmes résultats que celui du Vigan ; néanmoins ses chiffres sont un peu plus forts.

Sur 25 villages possédant 55 moulins, qui fonctionnent, année moyenne, 24 jours, on obtient 2,520 hectolitres d'huile ; à 170 fr., ci. 448,400

Olives confites, soit à la cendre, à la chaux ou à notre lessive 4,700

Olives cassées, piquées, taillées, noires, etc. 5,000

Total des produits de l'arrondissement d'Alais. 455,100

Cet arrondissement a perdu 24 moulins à huile, 13 de moins que l'arrondissement du Vigan. Quelques plantations d'oliviers commencent à s'y faire, surtout du côté de Vézénobres.

Arrondissement d'Uzès.

L'arrondissement d'Uzès produit, à lui seul, plus d'olives et d'huile que les arrondissements d'Alais et du Vigan : son total donne un chiffre double de celui d'Alais et arrive aux deux tiers de celui du Vigan.

29 villages, possédant 43 moulins, ont produit 5,208 hectolitres d'huile, répartis dans les communes suivantes :

Collias, Lafoux, Remoulins, Aramon, Roquemaure, Saint-Privat, Saint-Esprit, Bagnols et la ville d'Uzès ; à 170 fr. l'hectolitre, soit F. 885,360

Olives vertes, non confites, qui alimentent les marchés, hors du départem^t 16,520

Olives à notre lessive ou à la cendre. 9,024

Olives taillées ou cassées pour provision, et olives noires piquées et autres 5,407

Total des produits de l'arrondissement d'Uzès. 916,511

Cet arrondissement a perdu 8 moulins, qui se trouvent, soit le long du Gardon, soit dans nos basses Cévennes ; toutefois, dans le midi de cet arrondissement, on peut constater un progrès sensible : le nombre de moulins abandonnés n'est presque rien en comparaison des moulins qui existent, et de ceux que les autres arrondissements ont perdus.

RÉCAPITULATION :

Arrondissement de Nimes. . . .	4,697,828
Id.	d'Uzès. . . .	916,311
Id.	d'Alais. . . .	453,100
Id.	du Vigan. . .	370,565

Total du produit des oliviers dans
le département du Gard. 6,437,804

On voit, d'après le résumé qui précède, que l'arrondissement du Vigan est le moins doté en oliviers;
aussi son total ne s'élève-t-il pas à une somme considérable, comparativement à celui des autres arrondissements. Cela tient d'abord au défaut de
culture et ensuite aux derniers froids que nous
avons éprouvés, et qui ont tué une partie d'oliviers,
qui n'ont pas été remplacés.

Ainsi, après les hivers rigoureux de 1789, 1802,
1812, 1819, 1829, qui ont fait de si terribles
ravages dans notre pays, les propriétaires, fatigués
de ces pertes successives, remplacèrent les oliviers
par des mûriers, dont nos basses Cévennes font chaque jour de nouvelles plantations.

Dans l'espace d'un demi-siècle, nous avons perdu 70 moulins à huile , sans compter ceux qui sont fermés depuis bien longtemps , ou bien ceux qui sont détruits, et représentant un total de plus de 1,500,000 francs. Ces moulins sont aujourd'hui convertis pour la plupart en magnaneries.

La perte des oliviers , dans notre département, peut aussi être attribuée au mauvais mode de culture , de taillage, etc. Nous avons des cultivateurs qui émondent, coupent les branches utiles, et occasionnent à l'arbre une maladie dont la durée est au moins de deux ans : qu'il survienne un grand froid, et l'olivier est tué ; on le remplace alors par le mûrier. C'est ainsi que, petit à petit, la culture de l'olivier recule ses limites vers le Sud.

Le revenu de l'olivier, dans le seul arrondissement de Nimes , s'élève à 4,697,828 fr. ; on peut juger par là de son importance.

Il y a environ vingt-cinq ou trente ans , il se trouvait à peine, dans ce même arrondissement, 85 à 90 moulins , ayant une presse , deux au plus ; actuellement chaque cultivateur possède deux, trois, et même six presses, fonctionnant environ un mois.

Depuis 1835, nous avons donc vu établir 25 ou 26 moulins, qui ont donné une augmentation, en produit de plus de un million cinq cent mille francs,

De même, il y a vingt-cinq ou trente ans, il se confisait, soit à la cendre, soit à la chaux seulement, pour 25,000 à 30,000 francs d'olives ; aujourd'hui il s'en confit pour plus de 250,000 francs !

Ce progrès est, en grande partie, dû au greffage de l'olivier originaire de Collias (1). Qu'il nous soit aussi permis de croire, d'après le témoignage d'agronomes distingués, de négociants importants, que nous sommes pour quelque chose dans ce développement de notre industrie par l'introduction d'une lessive pour laquelle nous avons pris des brevets d'invention, et que nous avons constamment perfectionnée. Ainsi, on prépare, pour la provision des ménages, à l'aide de notre lessive, ou d'autres mixtures qui enlèvent l'amertume, une quantité considérable d'olives.

De 1848 à 1861, malgré la mauvaise année de 1855, le département du Gard a encore notablement augmenté sa production en huile. D'après les chiffres fournis par le bureau central de l'octroi de la ville de Nimes, elle s'élève à 307,106 francs par an, y compris les villages voisins du midi du département. Ce progrès doit être attribué à une meilleure culture, à un greffage plus intelligent, aussi

____

(1) Petit village qui lui a donné son nom.

à la construction de 8 ou 10 nouveaux moulins à huile, à l'usage de la nouvelle presse en fer, chauffée par la vapeur. Puisque nous avons parlé des nouveaux moulins, nous allons essayer de décrire ceux en usage dans notre rayon. Nous y joindrons les diverses manœuvres de fabrication propres au département.

Les moulins à huile, montés en fer et en fonte, ont des pressoirs aussi en fer, mus à bras d'hommes par une manivelle à engrenage, du diamètre de 4 à 5 mètres de long; quelques-uns sont mus au moyen de la vapeur; les cylindres sont en pierre dure et tournent autour des moyeux ou amandes; les ombres sont en pierre tendre et d'une hauteur de 40 à 45 centimètres. Ceux qui agissent au moyen de la vapeur ont des cylindres en pierre dure, accouplés par 2 et 3, et tournant l'une après l'autre sur une plaque en tôle; l'amande est en bois; les cylindres sont montés sur un pivot; le sombres sont en tôle, et semblables à ceux des fabriques de chocolat.

La pate, une fois bien faite, tombe dans une auge en pierre et est mise dans des cabas et sous le pressoir. La chaudière en cuivre, chauffée par la vapeur, conserve toujours son degré d'ébullition. La pâte est deux fois soumise à l'eau bouillante.

L'eau et l'huile sortant du pressoir tombent dans une auge en pierre, fermée hermétiquement avec un cadenas. Cette auge est confiée aux soins d'un employé de l'octroi, qui perçoit un droit de 75 centimes par 9 kilogrammes ou 10 litres d'huile. Le fabricant ou propriétaire ne peut toucher à cette auge que 4 à 5 heures après cette série d'opérations, et afin que l'huile soit entièrement séparée de l'eau. Chaque *prinse*, ou 600 kil. d'olives, reste ainsi sous le pressoir 4 à 5 heures.

Les olives les plus abondantes dans le Gard sont les *picholines* ou *coïasses*; leur huile est très-grasse, très-épaisse, très-bonne pour la friture; elle est d'une valeur double de celle de la *négrette*. La dernière espèce est peu courante dans le Gard.

DÉPARTEMENT DE L'HÉRAULT.

Le sol de ce département, de couleur grisâtre, très-compacte, chargé de principes ferrugineux, calcaires, et ceux-ci presque à l'état de sulfate, est très-favorable à la bonne venue de l'olivier, dont cependant la culture n'est pas, sur certains points, dans un état très-avancé de progrès; le précieux arbre y est presque abandonné à lui-même. Aux environs de Montpellier, il en est tout autrement: les opérations culturales sont intelligemment pratiquées; aussi le commerce de l'olive et de ses produits s'étend-il de plus en plus.

Nous avons voulu par nous-mêmes nous rendre un compte exact de la valeur des produits de notre arbre, et de la manière dont ils sont fabriqués dans l'Hérault. Nous avons, à cet effet, visité la plupart des localités. Si nous avons pu constater que, dans plusieurs villes, les procédés de trituration étaient en rapport avec les perfectionnements connus, nous avons le regret de devoir dire que, dans beaucoup de petites localités, nous avons retrouvé de ces moulins à huile montés par nos bisaïeux et fonctionnant très-grossièrement. Peut-être est-ce à ces méthodes d'extraction si primitive, et qui donnent des résultats si médiocres en quantité et en qualité, que doit être attribué le peu de développement qu'ont pris l'industrie et le commerce dans ces villages. Dirons-nous, par exemple, qu'à Pézénas, à Clermont-l'Hérault, à Lodève même, villes si avancées, sous tant d'autres rapports pourtant, il nous a été donné de voir des moulins à huile dont les presses, les récipients divers étaient en bois : par les fissures des cuves se perdait le meilleur du précieux liquide. Dans la dernière des villes citées, il surgit, en 1858, un procès qui contient un grave enseignement :

Un cordonnier s'étant aperçu que l'huile qui s'échappait du moulin passait dans un fossé, puis allait se perdre dans la rivière, pratiqua, dans la terre, près de la muraille du moulin à huile, mais à l'extérieur, sur la voie publique, deux trous assez grands. Plusieurs fois par jour, il venait chercher l'huile, qui s'était amassée en assez notable quantité.

Le maître du moulin ayant vu ce manége, et craignant que le propriétaire qui lui donnait ses olives à moudre ne l'accusât de peu de soin, défendit au cordonnier de ramasser cette huile ; mais celui-ci, ne tenant aucun compte de l'interdiction, fit d'autres trous, disant que le fossé appartenait au public, et que, par conséquent, l'huile qui coulait était à celui qui se donnait la peine de la recueillir.

L'affaire fut amenée devant le juge de paix. Cet honorable et judicieux magistrat autorisa le cordonnier à recevoir, dans ses trous, toute l'huile qui coulerait dans le fossé, puis condamna le maître du moulin aux dépens.

Il y a, dans l'Hérault, des pratiques singulières à l'endroit de la trituration ; les propriétaires sont dans l'usage de garder leurs olives dans des vases en bois ou en pierre, et bien entassées, pendant deux ou trois mois, jusqu'à la putréfaction : ils portent alors leurs olives au moulin.

Le maître du moulin, à son tour, tourne et retourne les olives, afin qu'elles arrivent à un état plus complet encore de putréfaction ; il les met ensuite sous le cylindre par quatre-vingts degrés Réaumur environ d'eau bouillante. Une fois en pâte, alors que la pulpe est pourrie et le noyau coupé en deux ou trois morceaux, il enferme cette pâte dans des cabas, à l'épaisseur d'un pouce à un pouce et demi, et lui fait subir la forte pression que peuvent donner quatre à cinq hommes, dont les efforts sont menés par un contre-maître, ni plus ni moins que le ferait un capitaine de vaisseau en pleine mer et en pleine tempête.

L'huile et l'eau sortent alors à flots du pressoir, déversées par un tuyau ou par un robinet dans une cuve en bois. Le bayle, qui est chargé de recueillir, à l'aide d'une cassette en fer-blanc, l'huile, à mesure qu'elle tombe dans la cuve, la rejette dans une autre cuve aussi en bois; c'est aussi lui qui ouvre le robinet, et qui laisse passer l'eau rougeâtre qui se rend aux enfers...

Dans le département, aux moulins montés au nouveau système, et qui fonctionnent très-régulièrement, les olives étaient aussi triturées presque à l'état de putréfaction. L'huile qui provient de ces olives ne peut être employée que pour l'éclairage, la fabrique de savon ou la fabrique de laine; pour la rendre supportablement comestible, il faut la mélanger avec d'autres huiles douces, avec de l'huile de graine, afin de lui enlever le goût, soit d'enfer, soit du confit.

N'est-ce pas là une pratique désastreuse? L'habitude ou plutôt la routine, voilà la seule explication qui est donnée...

DÉPARTEMENT DE L'AUDE.

Carcassonne et ses environs ne possèdent aucun olivier à cause de la température et de l'éloignement de la Méditerranée.

Narbonne et ses environs, dont la terre est pierreuse, sablonneuse, compacte et ferrugineuse, chargée de sulfate de chaux et argileuse, est peu favorable à l'olivier ; aussi le remplace-t-on par la vigne et le blé.

Cependant on trouve, dans certains abris bordant le département de l'Hérault, des vergers plantés en verdales, en saourin et en olivier à la rose, de même espèce que ceux qu'on rencontre aux abords des Pyrénées-Orientales.

Je n'ai pu préciser la production peu abondante du département de l'Aude. L'huile extraite est très-fine.

DÉPARTEMENT DES PYRÉNÉES-ORIENTALES.

La ville maritime de Perpignan est assise sur un sol sablonneux, graveleux, pierreux, chargé d'argile, de sulfate de fer, de carbonate de chaux, ressemblant, en général, à des décombres de montagne, mais très-propice à l'olivier, qui, planté dans ce sol, prend une consistance telle que, ni le département de l'Aude, ni les autres départements ne peuvent en donner de plus beaux.

L'huile est très-bonne et le rendement des olives est considérable.

Les variétés d'olivier sont les verdales, les saourins et les vermillaou, quelques négrettes et quelques amenlaou, et même quelques collias, mais en petite quantité.

On trouve aussi, dans ce département, des oliviers appelés *espagnols* ou *plants d'Eguières* (*olea Hispana*, *fructus marino*, de l'abbé Rozier). C'est la plus grande espèce connue en France.

Cette qualité d'oliviers vient au moyen de la greffe d'Espagne ; on les reconnaît à leurs fruits. Ils sont émondés à l'ancienne méthode ; cependant nous avons trouvé des vignerons habiles qui, avec leurs ciseaux, émondent les oliviers comme cela se pratique dans les Bouches-du-Rhône et dans le Gard. La culture de l'olivier, au reste, est très-variée dans ce département.

La fabrication donne deux qualités d'huile ; celle comestible est d'un excellent goût.

DÉPARTEMENT DE L'ARDÈCHE.

La culture de l'olivier est presque nulle dans ce département, dont le sol est pierreux, sablonneux, chargé de grès, ferrugineux et sulfureux.

Cependant on voit quelques plantations d'oliviers aux environs des Vans, de Largentière, d'Aubenas, de Bourg-Saint-Andéol, etc.

Les variétés cultivées sont les verdales, appelées *blanques*, les saourins et les négrettes.

La culture de notre arbre n'est pas en progrès dans l'Ardèche ; on ne l'émonde presque pas : aussi produit-il peu, et tend-il à disparaître pour faire place au mûrier. Les olives, quoique peu abondantes, sont bonnes et donnent une huile fine et excellente, malgré le mauvais état des vieux moulins.

DÉPARTEMENT DE VAUCLUSE.

La Société d'agriculture et d'horticulture de ce département, dans une notice publiée en 1848, disait que la culture de l'olivier, non-seulement tendait à disparaître, mais était très-arriérée dans le Vaucluse ; cette société engageait les cultivateurs à planter notre arbre sur les coteaux arides et sans eau, le climat étant partout à peu près propice.

Le département de Vaucluse a, en effet, perdu

plus de la moitié des revenus que lui rendait l'olivier, dont on ne voit plus que de rares plantations sur quelques coteaux.

Les variétés sont le saourin, le vermillaou, tirant sur les colliasses, quelques négrettes, le baussinon, la triparde.

Le rendement est médiocre ; et cependant, dans la contrée du département qui avoisine celui du Gard, le terrain est très-fertile. Dans le midi, il est argileux, calcaire, marneux et sablonneux.

Les moulins à huile, dans Vaucluse, sont en bois et au vieux système, excepté aux environs d'Avignon et de Nyons, où ils sont montés en fer et en fonte, faisant, par vingt-quatre heures environ, 5,000 à 5,500 kil. d'olives, très-bien triturées.

L'huile est claire et très-douce, surtout à Nyons et au Buis.

Aux environs de cette dernière ville, on rencontre encore quelques vergers productifs, bien que très-rapprochés du mont Ventoux.

Les cultivateurs de Vaucluse abandonnent l'olivier à sa croissance naturelle ; aussi en voit-on de très-hauts ; ils l'élaguent seulement vers le sol, et, loin d'éclaircir de ses branches le milieu de l'arbre, ils le laissent très-touffu, croyant avoir plus grande abondance de fruits.

DÉPARTEMENT DES BOUCHES-DU-RHONE.

Le sol de Marseille, très-bigarré, rouge, blanchâtre , gris , vosgien , montagneux , pierreux , sablonneux , chargé de sulfure de plomb , de calcaire, schisteux , bitumeux, marneux, est très-favorable à l'olivier. Aussi la culture du précieux arbre est-elle très-répandue à Marseille et dans tous ses environs ; les oliviers, émondés, arrondis en forme d'orangers d'Italie , dessinent des promenades , des allées bordant les maisons de campagne, jolies bastides ornées de jardins , où le propriétaire , le travailleur , sous un feuillage toujours vert, peuvent rêver, en voyant les douces montées boisées d'oliviers qui surplombent la ville, au retour de la belle saison, qui ramène les fleurs odorantes et les fruits savoureux.

Les variétés d'oliviers des Bouches-du-Rhône sont le saourin , le vermillaou et quelques plants de Salon, qui produisent beaucoup, mais qui, ne donnant pas d'olives bonnes à confire, voient tous leurs fruits convertis en une huile qui est très-bonne , très-fine et très-claire.

Les villes de Salon, Istres, Saint-Chamas et leurs environs , présentent une terre ferrugineuse , argileuse , calcaire , marneuse , compacte , volatile ou non fixe , formée de sable et de grès , favorable à l'olivier. Cette contrée est arrosée par les eaux des canaux de la Durance , qui fait mouvoir plusieurs huileries et minoteries.

A Marseille et dans ses environs, à Salon et dans d'autres villes , il y a des moulins à huile montés en fer et en fonte, qui fonctionnent admirablement, au moyen de la vapeur ou des eaux de la Durance canalisée.

Dans quelques villes et localités seulement des Bouches-du-Rhône (bien trop encore !) les moulins à huile sont montés à l'ancien système ; les presses en bois sont serrées à force par des hommes, à l'aide de longues barres de bois. Les cylindres sont établis de façon et d'autre : là , ce sont des ombres en assiette ; ailleurs , le cylindre tourne dans une espèce de ruisseau , où il écrase les olives. On charrie, sur une brouette, la pâte au pied du pressoir ; et la pulpe , les eaux et l'huile s'écoulent ensemble dans des canaux grossiers, qui débordent dans les enfers...

On conçoit que l'huile doit subir un nouveau transvasement pour se séparer et s'épurer enfin.

Le progrès est lent ; mais il marche cependant, malgré les entêtements de la routine.

DÉPARTEMENT DES BASSES-ALPES.

La température , depuis quelques siècles , est tellement refroidie dans ce département , que l'olivier généralement n'y donne des fruits qu'alors qu'il est placé à l'abri du vent du Nord ; aussi la culture en est-elle presque abandonnée. Néanmoins on trouve quelques plantations d'oliviers aux environs de Digne , aux environs de Sisteron , etc. Malheureusement on laisse croître l'arbre sans lui enlever autre chose que ses branches tertiaires ; sur des points de ce département, on laisse même les animaux dévorer la verdure de l'olivier !

Quelques vergers , aux environs de Manosque , paient cependant au centuple le vigneron ; mais ces vignerons sont des travailleurs soigneux, qui ne s'épargnent pas la peine ; et pour eux , la terre n'est pas ingrate.

Le sol du département des Basses-Alpes est pierreux , blanchâtre et possible à l'olivier , dont les variétés sont les gros-noires , les verdales appelées *blanques*, le saourin et le vermillaou, enfin quelques collias.

La production de ce département est peu considérable. Les moulins à huile sont des pressoirs à l'ancien système ; toutefois, nous en avons vu, aux environs de Manosque, de montés en fer et en fonte, et serrés par une manivelle.

DÉPARTEMENT DU VAR.

Le sol de ce département est très-fertile ; on y rencontre des bancs pierreux , graveleux et argileux , calcaires marneux, calcaires gros sable-grès , ferrugineux , chargés de manganèse à poterie , même des débris de houille roulés par la rivière de l'Ar, qui donne un canal d'arrosage au département, et la rivière du Var , qui prend sa source dans les Alpes-Maritimes.

Le sol de l'arrondissement de Toulon est d'aspect blanchâtre , parfois noirâtre ; il est semé de pierres et chargé de sulfate de chaux.

A Toulon et dans les environs , la terre légère est très-fertile ; à Saint-Tropez, elle est propice à tous les arbres fruitiers , et principalement à l'olivier et aux pêchers. Cette petite ville , et le village de la Valette , dont la richesse consiste en excellentes fraises , approvisionnent de leurs fruits Marseille , et même les marchés de Paris.

On rencontre, aux environs de Cannes, jusqu'au pont du Var , beaucoup d'oliviers , de noyers , d'orangers , et quantité d'arbres à fruit. Les orangers fournissent abondamment de fleurs à l'industrie pour la fabrication de l'eau dite de *fleur d'oranger*, dont toute la contrée fait un grand commerce.

Autrefois les orangers étaient une source de richesse pour les îles et la ville d'Hyères ; mais, depuis quelques années, l'invasion de l'oïdium a fait périr beaucoup d'orangers. Néanmoins, on fait de nouvelles plantations de cet arbuste, ainsi que de l'olivier, qui vient merveilleusement dans cette atmosphère imprégnée d'émanations salines.

Les produits de l'olivier sont considérables dans le Var ; les habitants en font un très-grand commerce : ils en expédient à Marseille et dans le nord de la France. Mais si la production est abondante, disons franchement que c'est plus à la nature et au climat qu'aux bonnes pratiques du cultivateur qu'on le doit : ainsi, par exemple, on émonde les oliviers à petit bois, on laisse le feuillage très-épais au milieu ; et si la serpette se promène sur l'arbre, ce n'est pas pour en égaliser les branches. Cependant celles qui se rapprochent du sol, et appelées les *sayes* ou *culottes*, sont épargnées, et la fumure se fait avec soin.

Les variétés d'oliviers sont le saourin, le vermillaou, quelques boutillanes (dont les fruits sont en forme de bouquet) et quelques colliasses ou picholines ; ce sont ces trois ou quatre qualités d'oliviers qui couvrent la plus grande partie du département du Var. L'olivier d'Italie , l'olivier de Nice , de Monaco et d'Afrique , et la négrette (petite olive) , ainsi que ceux de la Corse, sont aussi implantés dans le Var , depuis plusieurs siècles; mais on les greffe, on les taille depuis quelques années seulement , aussi n'est-il pas rare de voir des oliviers , dans ce département , arriver à la même hauteur que le chêne blanc (1).

Les olives sont souvent attaquées par les vers dans ce département maritime , alors même que les départements voisins n'en souffrent pas. Ne pourrait-on pas voir, dans ce fait, un argument de plus en faveur de notre théorie sur l'invasion de vers produits par des insectes chassés d'au-delà des mers par les vents du Sud (2)?

On ramasse les olives en décembre , janvier , février , jusqu'en avril. On étend des linges autour de l'arbre , puis l'on cueille le fruit à l'aide d'échelles. Dans quelques villages , on a conservé la pratique fatale de gauler l'arbre , et l'on casse ainsi ,

---

(1) On verra , à la page 216 , le rendement extraordinaire que nous a donné un seul arbre.

(2) Voir page 155.

bien souvent , des bourgeons, et même des branches qui porteraient des fruits l'année suivante.

On fait trois qualités d'huile dans le Var : la première, vierge, qui sert au commerce ; la deuxième, mélangée avec l'huile vierge ; la troisième sert à l'éclairage et à l'usage des savonneries.

Dans la plupart des villes du département , on a l'usage d'abandonner aux moulineurs , pour la trituration des olives , le liquide qui s'écoule dans les enfers. On conçoit tout de suite combien ce mode de paiement est onéreux pour le propriétaire des olives , car l'eau des enfers peut-être plus ou moins chargée d'huile. On a pu voir , page 217, par un un compte détaillé des frais de 2,400 kilogrammes d'olives triturées , ce que l'on retrouve d'huile dans les enfers.

NOTES STATISTIQUES

SUR LA PRODUCTION, EN FRANCE, DE L'HUILE D'OLIVE,

Sur son importation et son exportation.

—

Nous aurions bien voulu terminer notre livre, ainsi que nous l'avons dit plus haut, en commençant ce chapitre, par une statistique générale et complète de la production des huiles d'olive en France, en mettant en regard la somme des importations de notre précieux liquide.

Nous comptions sur les documents officiels, puis sur les notes que nous espérions obtenir dans chaque localité. Au début, nous espérâmes réussir : l'administration nous donna, avec la plus extrême obligeance, tous les renseignements qu'elle recueille ou qui lui parviennent; et autour de nous, dans les arrondissements, dans les plus petites localités, nous obtînmes des chiffres exacts : c'est ainsi que nous pûmes dresser la statistique de la production et de la fabrication du département du Gard.

Mais pour les autres départements qui voient croître l'olivier, et qui se livrent à la fabrication de l'huile, force nous a été de renoncer à notre projet, non que l'administration supérieure ait été moins obligeante, moins communicative : nous devons également rendre hommage à sa bienveillance ; mais les chiffres qu'elle nous a communiqués ne nous ont pas paru se coordonner entre eux et montrer la situation véritable. De même, dans nos demandes officieuses, nous avons dû reconnaître que, soit pour une cause, soit pour une autre, les renseignements qui nous parvenaient n'étaient pas sérieux et pourraient toujours être taxés d'exagération dans un sens ou dans un autre. Ainsi les uns, le plus grand nombre, craignaient, en donnant des chiffres exacts de leur production, de voir s'abattre sur eux l'impôt plus lourd, sous une forme ou sous une autre ; d'autres, moins timorés, mais par vanité commerciale, sans doute, accusaient des résultats visiblement impossibles. Quand donc comprendra-t-on, en toute chose, que la vérité seule est utile, et que le mensonge, outre qu'il fait ressembler les honnêtes gens à ceux qui ne le sont pas, finit tôt ou tard par se découvrir, et qu'alors il est plus nuisible qu'il n'a été momentanément utile ?

Quoi qu'il en soit, nous avons donc renoncé, quant à la présente édition de notre livre, à dresser le document utile que nous voulions établir. Nous nous contenterons de quelques indications sommaires ; nous espérons qu'on les trouvera intéressantes. Nous en empruntons les bases à diverses sources (1) et à nos recherches personnelles, vérifiées avec soin.

Nous commencerons par les indications que nous ont fournies quelques vieux livres. Nous nous servirons de chiffres ; mais on comprendra qu'ils ne peuvent présenter que des approximations ; car les poids, les mesures, les monnaies, si différents d'une contrée à l'autre, ont bien changé depuis ; ils se sont uniformisés depuis la révolution de 1789, pour se fixer d'une façon invariable depuis 1840. La valeur elle-même des objets, des denrées, de tout, enfin, a subi des fluctuations, des augmentations, qu'il est, à cette heure, impossible de déterminer d'une façon précise. En effet, que l'on se reporte, seulement par la pensée, à ce que l'on pouvait se procurer de denrées, avec telle somme d'argent, dans notre pays, dans nos villages, il y a moins de quinze ans, alors que les communications faisaient défaut, alors que la concurrence, cette mesure de la valeur de toute chose, existait à peine,

---

(1) Aux documents officiels, au *Journal de la Société française de Statistique Universelle,* à laquelle nous avons l'honneur d'appartenir depuis bien des années ; enfin, à un excellent ouvrage de M. Maurice Block *(Statistique de la France, en 1860)* ; 2 volumes, Paris, Amyot.

et l'on comprendra que le retour que nous faisons
en arrière, non pour quelques années seulement,
mais bien pour un laps de temps considérable,
est très-certainement une *approximation* curieuse,
mais non un document.

Nous devions faire cette réserve avant de poser
des chiffres.

M. de Basville, intendant de la province de Languedoc, à la suite d'un mémoire qu'il dut fournir
aux états de la province, et où se trouvait porté, pour
l'impôt, le compte du rendement en huile des oliviers croissant dans la généralité, eut l'idée de recueillir quelques notes sur la fabrication et le commerce des huiles dans les contrées du Midi. Ces
renseignements, fort incomplets, presque invérifia-
bles, même à cette époque (1670 à 1680), ont été
égarés, perdus ; à peine en retrouve-t-on trace dans
les notes de quelques cahiers des comptes de la généralité d'Aix, puis dans un *Traité de la culture de
l'olivier*, publié en 1784, et enfin dans le *Dictionnaire géographique des Gaules*, de l'abbé Expilly,
qui, lui aussi, s'est occupé de recencer la production des oliviers.

M. de Basville, qui porte à 2,000,000 de livres l'huile faite dans le Languedoc, dont 1,000,000
de livres environ sortaient par ventes en province,

estime que la totalité de l'huile à manger ou autre, faite dans toutes les contrées du Midi, ne s'élève pas au-delà de 6,000,000 de livres, pouvant valoir 2,000,000 de livres argent, et la livre d'huile se payant de 6 à 8 sous.

L'abbé Expilly, vingt ans plus tard, inscrivait, pour le Languedoc et la Provence seulement, 5,000,000 de livres ; mais, pour tous les pays à oliviers, et de toutes qualités, il chiffrait 8,000,000 de livres *pesant* d'huile, qu'il évalue à 10,000,000 de livres argent. On remarquera le mot *pesant*, qui se trouve dans les chiffres de l'abbé Expilly, tandis qu'il semble que M. de Basville veuille dire *mesure*, ce qui implique une différence importante, l'huile fournissant plus en volume qu'en poids. D'autre part, on va voir que le *Traité de l'olivier* de 1784 se base sur la livre de marc, poids fixe, qui correspond au demi kilo (ou une livre) de nos mesures actuelles.

Dans un volume, imprimé en 1784, sur la culture de l'olivier, sans nom d'auteur, mais qui doit être le *Traité* d'Amoureux, nous trouvons que « l'huile a augmenté notablement son prix, bien qu'il s'en fasse davantage qu'autrefois et qu'il en vienne notable quantité d'Italie et de Sicile, par les ports de la Méditerranée, notamment Marseille, mais la consommation en augmente chaque jour. Ainsi le prix est aujourd'hui de 80 à 90 livres et plus le quintal, suivant la qualité; et n'en a qui veut ! Tout le Midi fait, par an, plus de 11,000,000 de livres de marc d'huile à manger et de toutes sortes, qui donnent au commerce une valeur de 12,000,000 de livres tournois. »

Pendant la Révolution, et sous l'Empire, les documents officiels sont rares, presque sans contrôle; si on les publie, personne ne les lit, ne s'en occupe : on a autre chose à faire ! Sauf un droit d'octroi, très-fraudé, prélevé dans quelques villes ; sauf un impôt très-peu fixe sur les huiles venant d'Espagne et d'Italie, et que la contrebande se charge encore d'amoindrir, on n'entendrait pas parler des huiles d'olive, sinon pourtant par les populations des grandes villes, qui en sont très-friandes ; ainsi on se plaint, à Paris notamment, de payer de mauvaise huile d'olive très cher : 2 fr. 50 c. le kilo. (1) !

La Restauration ne dressa pas de tableaux commerciaux plus explicites et plus exacts sur cette denrée.

Ce n'est que dans le *Tableau général du commerce*,

----

(1) Nous l'avons dit : nous ne nous chargeons pas de raisonner ces chiffres ; nous les copions seulement comme indication curieuse.

en 1847, que nous trouvons enfin quelques chiffres; mais ces chiffres sont évidemment au-dessous de la réalité, tant il est difficile à l'administration de connaître ce que le producteur a intérêt de cacher.

Voici ces chiffres :

1847.	hectolitres.			francs.
Production :	167,000, à 140 fr. l'hect. (1)			17,368,000
Importation :	140,000	»	»	14,500,000
Exportation :	35,000	»	»	4,900,000

Une statistique de 1860 donne les chiffres suivants, que nous croyons encore au-dessous de la réalité, quant à la *production de la France* (2), mais qui sont exacts pour l'exportation et l'importation, l'administration du pays ayant les moyens d'en vérifier les chiffres à la sortie et à l'entrée. Voici ces chiffres :

1860.	hectolitres.			francs.
Production :	300,000, à 160 fr. l'hectolitre.			48,000,000
Importation :	196,730	»	»	27,170,396
Exportation :	41,408	»	»	8,696,825

---

(1) Ce chiffre est un prix moyen de l'huile à l'époque. Ainsi avons-nous fait pour l'opération qui suit.

(2) Elle doit être de beaucoup supérieure. Que l'on songe à la dissimulation de recette qui peut être faite non-seulement dans les villes, même à octroi, mais encore dans les villages, où les maires ont tant de peine à obtenir des renseignements sur la production la moins importante, tant on a peur d'aggravation d'impôt.

On voit, par ces chiffres, simplement approxima-
tifs , et qui, selon nous, ne représentent pas le tiers
de la production possible de l'olivier dans nos départements du Midi, quelle place importante a su
conquérir la fabrication de l'huile d'olive dans la richesse nationale de la France. Aussi ne saurions-
nous trop , en terminant ici ce que nous avions à
dire sur l'olivier et ses produits , insister pour que,
dans nos campagnes, on revienne vigoureusement à
cette culture, moins coûteuse et beaucoup plus productive que bien d'autres : l'expérience en est faite.
Qu'on songe, en effet, que l'olivier est presque devenu indigène dans nos contrées du Midi ; qu'il
végète presque partout, dans les rochers , deman-
dant bien peu de terre végétale , presque pas de
soins, craignant seulement l'exposition du Nord.
Laissez passer quelques années sur lui, cultivateurs, et l'olivier apportera une bonne part d'aisance
à votre foyer !

SIXIEME PARTIE

NOTES DIVERSES.

Classification des sols. — Des diverses greffes. — Remède contre les insectes des arbres à fruit. — Maladie de la vigne. — Chaulage des grains. — Désinfection des chambrées de vers à soie.

CHAPITRE XVII.

NOTES DIVERSES
D'UN AGRICULTEUR PRATIQUE.

Nous extrayons de volumineux cahiers, dont peut-
être, quelque jour, nous ferons un dépouillement
complet, quelques notes sans prétention sur divers
sujets. Nous espérons que les lecteurs qui ont suivi
jusqu'ici notre livre, accueilleront, avec indulgence,
ces ébauches ; nous serons heureux de penser que,
peut-être, ils pourront y trouver, d'ici et de là,
sinon quelque idée absolument nouvelle, mais un
conseil utile, au moins pratique : c'est là le seul
mérite que nous envions.

CLASSIFICATION DES SOLS.

On appelle sol la partie de terrain cultivée et
qui peut être atteinte ou remuée par les instruments
aratoires. Dans le langage agricole, le mot terre est
synonyme de sol ; et nous nous servirons de l'une ou
de l'autre expression indifféremment. Le sol arable est
celui qui est susceptible de produire par la culture.

Le sous-sol est la partie du terrain placée immédiatement au-dessous du sol arable.

Suivant leur composition chimique, on divise les terres en *argileuses*, *calcaires* et *sablonneuses*.

Suivant aussi leurs qualités, on divise les terres (sols) en *franches, fortes, lourdes, froides, légères, chaudes*, etc.

TERRES ARGILEUSES.

Les terres argileuses renferment une grande quantité d'argile ou glaise. L'argile est une combinaison chimique d'acide silicique, d'alumine et d'eau (silicate d'aluminium hydraté), ordinairement mêlée, en proportions variables de sable fin, d'oxyde de fer, de sulfate de fer, de carbonate de chaux, de magnésie, de silicate de potasse et de soude. Cette espèce de terre est grasse, onctueuse, douce au toucher ; elle happe à la langue, s'y colle et y adhère avec une certaine force.

L'argile est brune ordinairement ; souvent aussi, elle est colorée en rouge ou en brun par du fer à l'état de rouille. L'argile absorbe une grande quantité d'eau, et ne la cède que difficilement sous l'action de la sécheresse ; sous l'action de la gelée, au contraire, les mottes d'argile s'émiettent et tombent en poussière, parce que l'eau, augmentant de volume, brise tout ce qui l'entoure.

Il résulte de ce que nous venons de dire , que les terres argileuses sont nécessairement humides , difficiles à travailler par les temps secs , et que les grands froids exercent sur elles une bonne action. Il résulte aussi de là que ces terres sont peu propres à la culture de l'olivier ; car , lors des pluies , l'humidité surabonde et pourrit les racines.

Les argiles ont la propriété remarquable et très-importante, pour l'agriculture en général, de garder et d'extraire les sels alcalins et ammoniacaux des eaux qui les traversent ; elles assimilent aussi, des matières organiques , les parties utiles à la végétation , qui se trouvent ainsi mises à la portée des radicules des plantes.

C'est en raison de ces qualités que l'on peut dire que les **terres** argileuses sont fertiles.

TERRES CALCAIRES.

Ces terres ont pour base le carbonate de chaux , qui est une combinaison chimique de chaux et d'acide carbonique. Les sols qui en sont composés deviennent pâteux à l'humidité ; mais en se gerçant sous l'action de la chaleur ou du froid , elles deviennent comme de la cendre. L'eau pénètre facilement dans ces sortes de terres , mais elle s'évapore de même , perméables qu'elles sont à l'air et à la chaleur.

Pendant l'hiver, la grande humidité les réduit en bouillie ; puis la gelée les gonflant , il en résulte que les plantes sont soulevées et quelquefois leurs racines coupées et déchirées. C'est ce que l'on appelle le déchaussement. Quand ces terres sont pures et sans mélange ,· elles constituent , pour l'agriculture , de très-mauvais sols. Elles décomposent rapidement les engrais ; c'est pour cela qu'elles ont besoin d'en être saturées pour en céder aux plantes.

TERRES MARNEUSES.

La marne est un mélange intime d'argile et de calcaire. On l'appelle marne argileuse ou marne calcaire , suivant l'élément qui domine. Les terres marneuses jouissent de la propriété de se dilater sous l'influence de l'eau. Elles sont généralement estimées pour la culture ; mais on les trouve rarement à la surface du sol.

TERRES CRAYEUSES.

La vraie terre crayeuse est presque exclusivement composée de carbonate de chaux ; elle est blanche , douce au toucher ; elle a , plus que l'argile , à ce point même qu'elle semble se fondre à la pluie, la propriété de retenir l'eau tant qu'elle n'est pas exposée aux rayons du soleil.

TERRES GYPSEUSES.

Le gypse ou plâtre est un composé d'acide sulfurique et de chaux (sulfate de chaux) ; les terres dans lesquelles cette substance domine sont appelées terres gypseuses. Si la dose du plâtre est trop considérable, ces terres sont improductives ; mais mélangées en quantité convenable avec l'argile et le sable, le plâtre est alors un agent de fertilisation énergique.

TERRES SABLONNEUSES.

Les terres sablonneuses sont celles dont le sable ou silice forme la partie dominante ou principale. Dans cette classe, il faut comprendre les terres quartzeuses et granitiques, qui ne diffèrent des terres sablonneuses que parce que le quartz s'y trouve en fragments plus gros.

Plus la terre est mélangée, mieux elle est propre à l'agriculture : car les mélanges neutralisent les mauvaises substances, et ne détruisent pas les bonnes. Ils rendent l'argile moins compacte, le calcaire moins brûlant, et le sable moins mobile ; et d'ailleurs, les plantes ont besoin, pour vivre, de certains éléments qu'elles trouvent dans le calcaire, dans le silice et dans l'argile : tout trois sont donc utiles, chacun selon ses qualités.

PROCÉDÉ FORT SIMPLE

Pour connaître la composition chimique des terres.

Pesez une certaine quantité de terre sèche ; soumettez-la , dans un vase en fer ou en terre , à la chaleur rouge , en ayant soin de remuer la masse jusqu'à ce que tout ce qui carbonise ait été entièrement brûlé : la différence en moins du poids , après l'opération, indique la quantité des matières organiques que renferme normalement cette terre.

Placez ensuite le tout dans un vase en verre , et versez dessus de l'acide hydrochlorique étendu d'eau , jusqu'à ce qu'il ne se produise plus d'effervescence ; laissez déposer cette terre au fond du vase ; transvasez la partie liquide et pesez celui-ci. La différence en moins , de cette pesée , indique la quantité de carbonate calcaire dont l'acide carbonique s'est emparée, en séparant la chaux de l'acide carbonique qui s'est dégagé dans l'effervescence.

Le dépôt n'est plus maintenant formé que de sable et d'argile. Pour séparer ces deux substances, agitez le mélange et laissez reposer : le sable tombera le premier.

Dès que vous jugerez le dépôt sur le point d'être complet , transvasez le liquide qui contient encore , en suspension, les molécules d'argile ; répétez deux ou trois fois la même opération ; faites ensuite dessécher le sable et pesez de nouveau.

La différence du poids indiquera la quantité d'argile contenue dans la matière.

CLASSIFICATION DES TERRES D'APRÉS LEURS QUALITÉS.

Terres franches.

Ce sont les terres les plus fertiles. Elles sont composées par 1/3 d'argile, de calcaires et de quartz, mêlés de végétaux, de corps organisés, et, enfin, d'eau, dans la proportion du 1/4 sur toute la masse.

Cette terre, qui convient spécialement à la culture des céréales, n'est ni trop friable, ni trop pâteuse ; elle est d'un aspect noirâtre, lorsqu'elle est humide. Elle retient suffisamment l'eau, sans être trop perméable ; et, tout en décomposant convenablement l'engrais, elle ne le consomme pas trop vite ; elle se travaille facilement et exige peu de frais.

Terres lourdes.

Ce sont celles où l'argile domine ; elles sont compactes et résistantes à la chaleur ; elles s'empâtent et se forment en grosses mottes. L'eau et la chaleur exercent, sur ces terres, une très-mauvaise influence : l'eau, parce qu'elle y séjourne trop long-temps et leur donne une tenacité qui les rend incultivables ; la chaleur, parce qu'elle les durcit comme une espèce de poterie. Ces terres, d'abord difficiles à cultiver pour l'olivier, produisent beaucoup cependant lorsqu'elles sont travaillées avec soin.

Terres froides.

On appelle ainsi les terres humides, parce que l'évaporation constante d'une partie de l'eau qu'elles contiennent refroidit le sol. Cet effet est celui que chacun a pu constater : au sortir du bain, on éprouve un sentiment général de froid ; ce refroidissement est dû à l'évaporation de la couche humide qui recouvre le corps, lequel a dû, pour aider le phénomène à s'accomplir, céder une partie du calorique dont il est pourvu ; c'est ainsi que la température du corps s'abaisse ; en d'autres termes, qu'il se refroidit.

Terres chaudes.

Les terres habituellement sèches sont, par le fait, les plus chaudes. La présence de cailloux et de graviers, à la surface du sol, le rendant plus accessible au rayonnement, y maintient la chaleur ; il suit de cette observation que l'épierrement est une moins bonne opération dans le Nord que dans le Midi.

La couleur du sol est encore une condition importante qu'il faut noter : les terres noires absorbent la chaleur, tandis que les terres blanches la repoussent.

Terres légères.

On appelle ainsi certaines terres calcaires, surtout celles contenant des sables siliceux meubles ; en tout temps, elles exigent peu de force et de travail, mais aussi, ce sont les terres qui rapportent le moins ; elles sont peu propices à l'olivier.

Terres brûlantes.

Les terres calcaires, blanches d'aspect, sont généralement appelées, pour deux causes, terres brûlantes : d'abord, parce qu'elles annulent ou consument vite les engrais ; ensuite, parce que la réverbération des rayons solaires, exagérée par leur surface blanche, brûle les plantes.

DE LA GREFFE.

La *greffe* ou *ente* est une opération par laquelle on unit une portion quelconque de plante à une autre plante, avec laquelle elle doit faire corps et continuer de végéter.

Nous avons, à l'article *greffe de l'olivier* (p. 87).

essayé d'indiquer, en quelques mots, comment l'idée d'imiter cette opération de la nature était venue à l'homme; nous n'y reviendrons que pour citer deux anecdotes ingénieuses, empruntées aux écrivains géoponiques.

Pline dit qu'un laboureur, voulant faire une clôture à son champ, s'était avisé d'enchâsser l'extrémité inférieure de ses pieux dans des troncs de lierre; que ces pieux, s'étant greffés dans ces troncs, devinrent de grands arbres.

Théophraste, d'autre part, rapporte qu'un oiseau ayant avalé un fruit entier, le rejeta ensuite dans le tronc d'un arbre creux, où, mêlé avec quelques parties de l'arbre qui étaient pourries et arrosées par les pluies, il germa et produisit dans cet arbre un autre arbre d'une espèce différente.

Quoi qu'il en soit, la greffe est ce qu'il y a de plus ingénieux dans le jardinage; c'est le triomphe de l'art sur la nature. Par cette opération, on vient à bout de faire rapporter les fruits les meilleurs à des arbres qui, bien venant cependant, n'en auraient donné que de revêches. Par son secours, on relève la qualité des fruits, on en perfectionne le coloris, on leur donne plus de grosseur, on en avance la maturité, on les rend plus abondants.

Mais, pour que les greffes puissent se réunir, il

est essentiel que le sujet, ou le sauvageon, soit d'une nature un peu analogue à la greffe qu'on y applique : aussi ne voit-on réussir que les greffes de pépin sur pépin, de noyau sur noyau ; en vain travaillerait-on à vouloir greffer les uns sur les autres des arbres dont la sève se met en mouvement dans des temps différents.

L'art est parvenu à découvrir plusieurs espèces de greffes, au moyen desquelles on peut greffer les arbres pendant toutes les saisons de l'année.

Nous avons décrit minutieusement toutes les opérations de la greffe, à propos de celle dite *en écusson* (page 91) ; nous avons aussi parlé de la greffe en *fente*, en *flûte* et en *couronne*, qui sont plus particulièrement propres à l'olivier; nous y ajouterons les manières suivantes :

La greffe en *approche* est une des plus simples ; c'est celle que la nature accomplit le plus facilement, sans aucun secours, et quand le hasard ou la volonté de l'homme réunit deux sujets propices à ce mariage. Il suffit, en effet, dans le temps de la sève, d'entre-croiser les rameaux d'arbres différents, dépouillés de leur écorce et les lignaturer fortement : le mélange ou l'échange de sève se fera de l'un à l'autre, et l'union, d'une saison à l'autre, deviendra intime. La greffe en *approche* est généralement usitée pour la prompte formation des haies de séparation.

La greffe en *placage* se fait en enlevant, avec le greffoir, une partie de l'écorce du sujet, en partant de haut en bas : la greffe étant préparée de manière à ce qu'elle puisse s'appliquer exactement sur la partie enlevée du sujet, on réunit alors les deux libers et l'on fixe le contact de la façon ordinaire.

Pour la greffe à la *pontoise*, on étête le sujet horizontalement, si l'on veut placer deux greffes, et dans une position inclinée, si l'on veut n'en placer qu'une. Dans ce dernier cas, on applique la greffe au côté supérieur : cette coupe oblique est plus tôt cicatrisée que l'autre.

On pratique, avec le greffoir, une incision triangulaire et verticale de quelques centimètres de longueur, dans laquelle on place la greffe, en ayant soin toutefois de faire coïncider les deux libers (chose absolument indispensable pour toutes les espèces de greffes); après, on lie la branche avec un lien quelconque, pour que la sève ne renvoie pas la greffe, et l'on recouvre de cire toutes les parties mises au jour par l'outil.

La greffe à *emporte-pièce* ne diffère de celle en *écusson* que parce qu'on enlève, avec le bourgeon, autant d'écorce qu'on en doit mettre à sa place.

Il faut, pour que les deux libers coïncident, que le sujet et la greffe soient de la même grosseur.

Cette greffe, comme celle en *écusson,* se pratique pendant tout le temps que la sève est en mouvement.

Il y a encore quelques autres manières de greffer, mais nous ne les citerons que pour mémoire : ce sont celles *à l'anglaise, en hesbaie, en faucheuse,* etc.

ARBRES A FRUIT.

Procédé pour empêcher les chenilles, les fourmis, les vers et autres insectes de déposer leurs œufs sur les abricotiers, les pêchers, les pommiers, etc., ainsi que sur les treilles grimpantes.

Nous prenons :

    250 grammes chlorure de chaux ,
    150   »   sulfate mixte,
    200   »   environ d'eau,

suivant la quantité d'arbres que nous voulons préserver. En mélangeant le tout ensemble, on obtient une pâte que l'on emploie à la main ou avec le pinceau, après l'avoir rendue liquide ; on blanchit les arbres ou arbustes, en appliquant légèrement la composition sur le tronc, mais non sur les fleurs, sur une largeur de 15 à 18 cent. , et à 40 ou 50 cent. du sol ; et sur les tiges, d'une largeur de 5 à 6 cent. seulement.

Cette opération se fait au moment de la floraison, pendant deux fois, en avril et mai; après quoi, aucun insecte ne vient déposer ses œufs sur le fruit, ni sur la feuille.

QUELQUES MOTS

Sur la maladie de la vigne.

En 1849-50, dans un voyage que je fis en Italie, je passai successivement à Turin, à Milan, à Livourne, à Gênes, à Nice et dans la principauté de Monaco; l'oïdium exerçait ses cruels ravages; partout on arrachait les vignes : c'était une désolation générale. J'interrogeai, sur mon chemin, les vignerons; tous considéraient la vigne comme attaquée sans remède.

En 1852 et 1853, le fléau envahissait les contrées viticoles de la France. Je pus observer, à Carcassonne et à Narbonne, les caractères du mal : les sarments des vignes étaient noirs, les raisins couverts d'une poudre impalpable d'un blanc grisâtre. Je conseillai aux vignerons consternés de blanchir le cep avec de la fleur de chaux vive, et de répandre du soufre en poudre sur les sarments et les raisins.

Mes conseils furent exécutés, le lendemain, par

plusieurs vignerons , et ils continuèrent le remède pendant plusieurs jours encore , mais sans succès bien marqué. Ce n'était pas le remède cherché ; seulement, je savais que la chaux et le soufre sont des alcalis très-favorables à la vigne , et dont l'emploi, tout en poussant à la sève, la préserve parfois de la rigueur des hivers. Mon conseil ne pouvait donc qu'être profitable : c'était, après tout, un essai...

Je résolus d'étudier cette maladie redoutable ; à cet effet, je recueillis des échantillons de terre , quelques ceps et des sarments de vigne ; j'en pris également en passant à Pézenas et à Lodève (Hérault) ; j'en fis venir des échantillons des Bouches-du-Rhône et de Vaucluse ; j'en recueillis quelques autres encore dans les villages des environs de Nimes, et je me mis à l'œuvre.

Je commençai par faire calciner la terre dans un un pot ; je fis consumer cette terre aux trois-quarts, et je recueillis la vapeur qui s'en échappait ; je n'y pus reconnaître rien d'extraordinaire et pouvant déceler la maladie ; cette terre soumise à l'acide sulfurique, la vapeur fut reçue dans une cloche de verre blanc : elle ne constata non plus aucune marque anormale.

Je fis bouillir le cep sans plus de succès : les cendres brûlées, analysées, n'ont rien donné d'extraordinaire.

Je résolus de reprendre l'expérience plus en grand : je choisis, cette fois, des sarments très-noirs, portant des grappes de raisin chargées de la poudre blanchâtre, et donnant tous les signes de la présence de l'oïdium.

Je soumis les grappes de raisin à l'ébullition dans de la lessive alcaline, puis dans des liquides où avaient digéré des végétaux, et dans des acides de diverses sortes : aucune de ces opérations ne me rendit davantage raison de la maladie.

Je pris les sarments ; je les mis tous bouillir avec 10 kilogrammes d'eau, dans une chaudière en fonte, établie de manière à pouvoir recevoir la vapeur dans une cloche en verre blanc. L'odeur qui s'exhala et que je respirai me donna des coliques : je compris que la maladie était dans les sarments.

Le lendemain, je pris d'autres sarments bien noirs, dont j'enlevai l'écorce ; je les fendis, pour découvrir la moelle, que je trouvai rougeâtre et humide : la pressant avec le doigt, il en sortit un liquide rougeâtre, que je fis bouillir dans un pot, avec un kilogramme d'eau : je fis prendre une partie de ce liquide à un petit chien, mais après l'avoir sucré, pour masquer sa saveur désagréable : il en fut incommodé plusieurs jours.

Je conclus, de ce dernier fait, que la maladie

n'était pas dans les sarments, mais dans la moelle, et qu'aucun remède ne guérirait la vigne, sauf le remède inattendu, qui vint, on ne sait d'où, en 1858 ; c'est-à-dire qu'en cette année, le fléau ne se montra plus en France. Comment avait-il disparu ? Par quelle cause ?

S'il m'était permis de risquer une opinion dans une question qui a occupé tant d'éminents esprits, je dirais, me fondant sur une simple observation et sur une expérience plus importante, presque décisive, et toutes deux à moi personnelles, je dirais que la maladie de la vigne dite *oïdium*, est produite par un certain milieu atmosphérique, résultant d'une cause accidentelle, extérieure, comme, par exemple, le passage de vents chargés de miasmes ; et pourquoi pas même chargés d'insectes trop ténus, trop infimes pour être observés, reconnus ? Cette théorie se rapproche, nous ne le contesterons pas, sans plus affirmer notre opinion, de celle que nous avons émise à propos de l'invasion, à certaines époques indéterminées, de myriades d'insectes poussés par les vents et s'abattant sur les coteaux du Midi, et notamment sur nos oliviers (1).

Quoi qu'il en soit, voici notre observation :

____

(1) Voir page 155.

Pendant l'ébullition des sarments, au moment où s'étendait la vapeur qui nous a incommodés, nous avons tout à coup été frappés de l'extrême ressemblance de cette émanation délétère avec l'odeur que donnent les brouillards du matin, dans les vignes, à la fin de septembre, odeur indiquée comme plus forte, plus désagréable, dans les années où l'oïdium a sévi. — L'action plus énergique de la vapeur respirée par nous, pendant l'ébullition des sarments, s'expliquera facilement par la concentration du gaz délétère dans un appartement où l'air circulait peu.

Voici maintenant une autre expérience :

Dans les Alpes, en 1856, sur un coteau au pied d'une montagne, j'ai fait, sur deux sarments de vigne, l'un attaqué de l'oïdium, l'autre à fruits sains et bien venants, une greffe en approche : l'un des sarments était malade, l'autre en parfaite santé ; j'ai fait la greffe du malade sur le malade, et du bien portant sur le bien portant, si l'on peut dire.

La greffe fut couronnée de plein succès ; mais le sarment malade appliqué à la vigne malade ne l'a pas améliorée, tandis que la vigne qui avait des raisins en parfaite santé s'est bien trouvée du sarment sain et vigoureux.

Une dernière remarque : l'exposition des deux

vignes était différente; l'une était sur la hauteur, l'autre, dans le bas du coteau. Ne se peut-il pas que l'une eût subi le souffle d'un vent malfaisant?

On se souviendra aussi que c'est après un vent violent, soufflant du Nord, qu'en 1858 nos vignes furent délivrées du fléau.

CHAULAGE DES GRAINS.

Nous composons, depuis 30 à 35 ans, une substance (produit chimique) très-propre à préserver les blés de la *nielle* cariée et charbonnée. Cette substance préserve le seigle de l'*ergot*; elle est bonne pour les autres grains, et excellente pour les pommes de terre. Les nombreux succès qu'a obtenus ce sel anti-carbonneux, ou *sulfate mixte*, connu sous le nom de VITRIOL BLEU, et l'expérience qu'en ont faite un grand nombre d'agriculteurs, attestent ses bons effets, et prouvent qu'il est préférable à tout autre procédé.

L'emploi du *sulfate mixte* est très-simple; disons d'abord qu'il se dissout avec la plus grande facilité dans l'eau, soit dans un vase de bois ou de terre très-propre.

Voici les quantités :

186 grammes (6 onces) dans quatre litres d'eau

suffisent pour un hectolitre de blé, ou 375 grammes
(12 onces) dans huit litres d'eau , pour une salmée
(20 décalitres).

Quand la dissolution est opérée , on asperge avec
cette eau le blé que l'on veut semer ; on le remue
trois ou quatre fois avec une pelle en bois , afin
que tous les grains en soient imprégnés ; après
quoi , on renferme le grain dans des sacs. Cette
opération doit être faite le soir ; pour le grain que
l'on veut semer le lendemain , on renouvelle l'opération au fur et à mesure des besoins.

QUELQUES OBSERVATIONS

Sur la graine des vers à soie.

Depuis bien des années déjà , on s'occupe de
rechercher le remède propre à guérir ce qu'on appelle vulgairement la *maladie des vers à soie.* Des
magnaniers riches et intelligents, de savants agronomes, de patients chimistes, se sont livrés à des
investigations de toutes sortes pour découvrir la
cause du mal, que les uns prétendent résider dans
les vers à soie , tandis que les autres attribuent aux
affections du mûrier la mortalité du ver.

Il y a du vrai dans ces deux théories , et ce n'est
point à tort ni sans profit, pour la science et l'in-

dustrie, que des esprits éminents (1) se sont appli-
qués, soit à changer les conditions d'atmosphère
dans lesquelles se développe, vit et produit le ver,
et que d'autres se sont ingéniés à guérir le mûrier,
ou à trouver un autre arbuste pour la production et
la nourriture du précieux insecte.

Ces études ne nous ont pas trouvé indifférent :
et nous qui, depuis bien des années, nous occupons
de l'élève du ver à soie, nous avons voulu apporter
notre petite part d'observations au travail commun.

Cultivateur et magnanier, mais homme de pratique
plutôt que de science, nous avons fait porter nos
recherches sur le ver et les phases de son développement, puis sur la culture du mûrier.

Disons-le, tout d'abord, nous n'avons guère été
plus heureux que nos savants confrères en ce qui
touche la découverte de la cause finale de la maladie
du mûrier ou du ver lui-même ; et si nous avons pu
constater que certaines pratiques atténuaient le mal,
sa véritable origine nous a échappé.

Néanmoins, nous avons pu reconnaître et constater des données générales, que nous formulons
ainsi :

____

(1) Tout le monde connaît les remarquables travaux de MM. Ey-
nard, de Valréas : Guérin Menneville, Nourrigat, etc., etc.

1º Vainement on s'efforcera, quelque traitement qu'on donne à la graine du ver à soie, provenue d'un mûrier malade, d'obtenir des insectes productifs de beaux produits.

2º C'est donc du mûrier d'abord dont il faut se préoccuper pour obtenir de bonne graine.

3º Beaucoup de bonnes graines et d'excellents vers avortent ou sont tués par des pratiques insensées, souvent même ridicules.

4º Si le Levant et l'Italie ont d'excellentes graines, la France peut en produire aussi de bonnes, qui écloront partout où l'atmosphère et la localité seront favorables.

Nous n'ajouterons aucune démonstration aux deux premiers paragraphes ; ce sont des axiomes sur lesquels tout le monde est à peu près d'accord.

Quant au troisième paragraphe, il nous suffira de dire que nous avons vu de braves gens se livrer, sur la graine de ver à soie ou sur l'insecte lui-même, à des pratiques qu'il suffit d'indiquer pour justifier notre assertion. Ainsi, par exemple, il y a des éleveurs qui, après avoir étendu la feuille du mûrier, l'arrosent avec du vin ou du vinaigre, puis la remuent, la manipulent, afin qu'elle s'imbibe de cet alcohol aciduleux, qu'on pourrait appeler de l'acide pur ; d'autres allument des brasiers aux quatre

coins des chambrées, ou sous de mauvaises chemi-
nées, puis jettent sur ces brasiers de la vieille graisse
de porc bien rancie. Ils appellent cela parfumer les
vers! Comment ces braves gens ne songent-ils pas
que de pareils traitements doivent, le plus ordinairement, sinon rendre le ver malade ou le tuer, tout
au moins l'empêcher de produire. En effet, le pauvre
insecte, le corps plein de soie, bien portant, arrivant sur cette feuille imbibée d'acide, ou saisi par
cette atmosphère infecte, n'a pas même la force
de manger : il devient indolent, et ne peut plus
faire son cocon; bientôt on le voit se réfugier sur la
bruyère, dans les cabanes, où il expire, puis tombe
en putréfaction.

Je m'étendrai davantage sur le paragraphe quatrième, pour signaler le danger d'acheter, du premier venu, de la graine de vers à soie. Combien de
spéculations condamnables ont été faites à l'aide
des graines prétendûment apportées d'Italie, de Sicile ou du Levant,. A ce sujet, il nous revient en
mémoire une anecdote que nous raconterons pour
l'édification des gens crédules, bien qu'elle soit
l'histoire vulgaire de bon nombre de quidam, dont
les exploits commerciaux ne sont pas encore oubliés.

Dans un voyage que je fis à Marseille, je ren-
contrai, il y a quelques années, un de ces mar-

chands de graines de vers à soie étrangère. Il me dit qu'il venait de faire, dans sa spécialité, une importante acquisition en Italie. J'eus la curiosité de lui demander où il s'était pourvu. Il me nomma hardiment un village, où je savais, à n'en pouvoir douter, qu'il n'y avait pas assez d'habitants pour faire la quantité de graines qu'il se vantait d'avoir achetée; bien plus, il y avait à peine quelques maigres mûriers répandus à grande distance dans la contrée! Je lui demandai ensuite sur quelle indication il se fondait pour croire à la qualité de sa marchandise : « Bah ! me dit-il, qui s'y connaît ? c'est du hasard ».

Nous nous quittâmes; je continuai mon voyage. J'eus un moment l'idée de le dénoncer à l'opinion publique; mais tant de gens faisaient comme lui, et qui étaient réputés d'honnêtes négociants, qu'on ne m'eût pas cru, tant on était alors engoué de graine étrangère.

Quant à mon homme, j'appris qu'à son retour dans notre pays, il avait fait publier et afficher partout qu'il rapportait d'excellente graine d'Italie, qu'il avait fait préparer sous ses yeux mêmes. Tout le monde lui en acheta. Quand je revins au pays, peu de vers étaient éclos; l'impudent personnage rejetait l'insuccès sur ceci, sur cela, mais le commerce n'en continua pas moins.

D'autres charlatans prétendirent avoir trouvé des moyens de faire toujours d'excellente graine ; ils disaient qu'ils étaient montés pour cela , etc., etc. ; or, on connaissait leurs ressources ; on savait, à un écu, à un homme près, ce qu'ils pouvaient faire : tous les éducateurs savaient qu'il faut, pour faire 100 onces de graines, un local d'au moins 16 à 18 mètres de longueur, sur 5 à 8 mètres de largeur ; qu'il faut, au minimum, 3 ou 4 personnes pour le travail : il était facile de se rendre compte du local et du personnel nécessaires , indispensables pour fabriquer des mille onces et des mille kilos... Eh ! bien, ils annonçaient leurs produits , et ils trouvaient des acheteurs !

Tout cela n'explique-t-il pas toutes les falsifications éhontées ? celles qui consistent à chauler la graine à l'aide de sulfate de cuivre, à l'aide d'alcohol ou de vin , pour lui donner la couleur naturelle , procédés qui brûlent le germe et l'empêchent d'arriver jamais à éclosion ; une autre manœuvre c'était de mélanger la graine de l'année courante à celle des années passées, ou encore de la mêler avec des graines potagères.

Et à supposer même que la graine soit bonne , que le marchand expéditeur soit un connaisseur , et qu'il envoie un bon produit, se rend-on encore bien compte de l'influence que peut exercer sur cette chrysalide si délicate un long voyage ? Aujourd'hui, en effet, c'est un hasard que la graine de Turquie, celles d'Andrinople, du Levant, nous arrivent dans des conditions favorables ; car il faut au moins un mois pour faire le voyage. Comment aussi nous parvient cette graine ? Par masse de 100 kilos et dans des boîtes en fer-blanc, percées de trous, chargées et rechargées, transportées du bâtiment sur le port, d'une douane à l'autre, du chemin de fer en gare, puis dans les voitures. On les divise ensuite par once, par 500 grammes, selon le besoin de l'éducateur. Combien de caisses sont ainsi entrées à Marseille, en 1858-60-61 ! Au débarquement, les pauvres vers sortaient des boîtes et des caisses tout éclos. On a attribué cette fermentation de la graine au cahotement du bâtiment, à la chaleur de la chaudière...

Bien des déceptions, bien des faillites, bien des malheurs commerciaux ont résulté du commerce des graines ainsi fait, jusqu'au jour où l'opinion publique, faisant la lumière sur l'inanité des graines introduites de toutes parts, n'a plus entretenu, par par ses naïfs achats, ces spéculations éhontées. Combien de millions de francs n'avons-nous pas portés en Italie depuis 25 ou 30 ans! Et cependant, la distance qui sépare les deux pays n'est pas assez

grande pour que l'épidémie ne les frappe pas presque
simultanément. Ne sait-on pas que l'oïdium de
la vigne était découvert en Italie avant que son existence fût reconnue en France ? Eh ! bien, malgré
cela, il s'est formé, depuis quelques années, des
entrepôts où s'est accumulée quantité de graine de
Lombardie, de tous les districts d'Italie ; partout,
dans le midi de la France, s'organisèrent, pour la
ruine du propriétaire et de l'éducateur, des ventes
de graine de ver à soie, à ce point qu'on vit, dans
quelques villages, plus de vendeurs que d'éducateurs.

Mais comment faisaient donc nos pères, il y a
200 ans, il y a 50 ans même, alors qu'il n'y avait
ni chemins de fer, ni bateaux à vapeur, et que les
voyages étaient si difficiles, qu'il fallait dix jours pour
passer en Italie et en Espagne ? Et pourtant, il fallait
répondre aux nécessités de la fabrique ; sans doute
on vendait moins de soieries, mais néanmoins on
en vendait beaucoup.

Nos pères étaient très-soigneux, très-méthodi-
ques ; s'ils ne raisonnaient pas leurs travaux avec
les indications de la science, ils avaient au moins un
respect, peut-être exagéré, de la tradition ; et s'étant
fait une méthode, une pratique réglée par le bon
sens, ils se départaient rarement de ses procédés.

Peut-être lira-t-on, avec curiosité, la note suivante, que je relève dans un ouvrage publié par un de mes oncles, en 1812 :

« En France, sous Louis XI, en 1467, on avait grand soin de la graine de vers à soie. Pour faire la graine, on mettait les papillons sur des draps noirs, et on les tenait dans un endroit ni trop chaud ni trop froid ; quand il fallait les changer de place, on les enlevait très-délicatement, à l'aide d'une pièce de six liards (pièce de monnaie très-mince), ou avec un objet semblable, et on les laissait doucement tomber sur un linge blanc. Pour les porter d'une ville à une autre, on les mettait dans des paniers, avec de la paille sans être brisée, et par petits paquets d'une once à trois ; le tout était couvert d'un linge clair ; on ne secouait pas le panier, et l'on choisissait un beau temps pour voyager et mettre les vers à éclore selon les bourgeons du mûrier.

» On faisait son grainage avec la plus scrupuleuse attention ; et quand on n'obtenait pas une récolte parfaite, on priait son voisin de prêter des cocons plus convenables, ce qu'il tenait à honneur de faire. »

En se rapportant en arrière de 60 à 80 ans, on voit, dans nos pays, tout le monde s'honorer de l'élève du ver à soie ; tous les ans, on blanchissait à la chaux les appartements affectés aux vers à soie ; on lavait les ustensiles, les canis ou roseaux, les planches, enfin tout le matériel nécessaire à cette riche et abondante récolte. Un an d'avance, on préparait des plantes aromatiques, arrosées avec de l'huile d'olive vierge, que l'on conservait des années entières. On faisait brûler cette huile et ces plantes pour assainir les appartements ; et, à chaque maladie des vers, on faisait la même opération, afin qu'aucune mauvaise odeur ne vînt inquiéter le développement du précieux insecte (1).

Les appartements, ainsi préparés, on y faisait sa graine et celle de ses amis, de ses voisins, car s'était un honneur et un service à rendre que se donner tel soin pour autrui ; on gardait ces graines jusqu'à la semaine sainte, sur des draps, puis on en faisait la distribution, et il ne restait plus à chacun qu'à s'occuper de l'éclosion des vers à soie.

On s'inquiétait peu alors d'aller chercher des graines en Turquie, en Perse, en Abyssinie ; on parlait de celles d'Italie et de Sicile comme d'une curiosité ; et pourtant, les écrivains du temps nous disent que les graines faites par nos éducateurs, dans

____

(1) Selon les écrivains de l'antiquité, des fumigations identiques se faisaient, pour les vers, du temps du roi David et de Moïse, dans les appartements. Ces mêmes parfums servaient à embaumer les morts : on en répandait sur la bière, et l'on en offrait aux assistants aux funérailles.

les villes, dans les villages, les hameaux, les bourgs, sur les sommets des montagnes, étaient d'une réussite parfaite.

Maintenant pourquoi ne reviendrions-nous pas, en leur faisant subir les progrès du temps, au principe sur lequel s'appuyaient nos pères? En effet, la chimie, la physique ont fait de nos jours des découvertes qui rendent très-facile l'assainissement de presque tous les lieux insalubres. Cette question, nous nous la sommes posée des premiers, et nous nous sommes mis à faire des expériences, qui ont parfaitement réussi (1).

Nous avons, en effet, pratiqué la désinfection des chambrées de vers à soie à l'aide d'une combinaison de chlorure de chaux, d'acide hydrochlorique et de manganèse, dans des proportions données. Comme emploi, le moyen est très-simple : nous mettons, dans un vase quelconque, et selon la grandeur de l'appartement où sont les vers à soie,

---

(1) En 1835, lors de la première apparition du choléra dans notre ville, nous proposâmes à M. le maire de Nîmes de faire, gratuitement, des expériences de désinfection, ce qu'il accepta. Nous ne dirons pas que nos essais contribuèrent à conjurer l'épidémie, tout le monde sait qu'elle partit comme elle était venue, sans qu'on sût comment : c'est encore aujourd'hui, hélas! un mystère; mais ce que nous pouvons dire, c'est que nous réussîmes à détruire divers foyers d'infection.

quelques litres de ce désinfectant , et de temps en temps , nous prenons la précaution de remuer le liquide avec un petit bâton , puis aussi de changer le vase de place. Le gaz qui se dégage , bien que désagréable à l'odorat , n'a rien de nuisible , ni à l'homme , ni aux vers à soie , qui paraissent même se trouver bien de ces émanations. Faire brûler du soufre en canon , soit 250 grammes, à chaque maladie , et par once de graine ; ou bien mélanger un kilogramme de chlorure de chaux et un kilogramme de sulfate de cuivre dans dix litres d'eau, et en arroser chaque jour un appartement d'une once de graine : voilà encore de bons moyens d'assainissement.

Voici une expérience toute récente , qui nous paraît concluante :

En mai 1862, je mis à éclore dix-sept grammes de graines de vers à soie du mont Olympe (Grèce). Je les élevai dans un appartement exposé au Nord , sous un hangar que j'arrosais de temps en temps avec de l'acide muriatique, mêlé à du chlorure de chaux. J'avais , au préalable , blanchi les montants et les traverses avec de chlorure de chaux, et j'avais attaché , aux montants, des rameaux d'oliviers à demi-secs et des brins de thym verts. Au moment de la montée , je remarquai que les vers à soie se dirigeaient , de préférence , sur les rameaux et sur les plantes attachés aux montants et traverses. Sur chacun des rameaux et plantes, il y eut, en moyenne, cinquante cocons, tandis que les rameaux du milieu furent bien moins favorisés. J'attribue la préférence des vers à soie pour les rameaux et les plantes à l'odeur qu'ils dégageaient, l'amosphère générale étant d'ailleurs purifiée par les émanations de l'acide muriatique et du chlorure de chaux mélangés. En somme, ces dix-sept grammes de graines produisirent 19 kilogrammes 250 grammes de cocons. Ceci prouve et démontre, à l'éducateur, qu'il faut, pour contribuer à la réussite des vers à soie, que les chambrées soient propres, assainies et bien aérées.

Un point est donc réglé : la désinfection des chambrées. Mais ce moyen, on le comprend, ne peut développer ou bonifier la graine qui est radicalement impuissante ; de même, il nous a été démontré, par une série d'expériences, que la bonne graine éclosait toujours, et à peu près partout, dans l'atmosphère qui est propre à ce phènomène. En d'autres termes, la façon de grainer, si l'on peut dire, une bonne graine, a relativement peu d'importance, ainsi que nous le montrerons.

Mais à quels caractères précis reconnaît-on une bonne graine ? Là seulement est l'inconnu : l'origine est la seule réelle et véritable indication qui puisse donner la certitude à l'éducateur. Aussi ne saurait-on trop approuver la loyale entreprise , fondée en 1855 , à Cavaillon , par MM. Jouve , Maritan et Chabaud , et qui consiste à éprouver , sans distinction de provenance, pour tout le monde, et sur une quantité donnée , la graine de ver à soie. Une note explicative et quantitative , est dressée par ces messieurs, et les marchands et les éducateurs savent à quoi s'en tenir sur la valeur des graines , dont un échantillon est certifié et étiqueté avec soin. La chambre de commerce de Lyon a non-seulement donné son appui et son encouragement à l'établissement de MM. Jouve , Maritan et Chabaud , mais encore elle a tout particulièrement engagé les producteurs à accorder leur confiance entière aux essais de Cavaillon (1).

C'est là un bon exemple à suivre.

Plusieurs magnaneries d'essai devraient être ainsi fondées dans le rayon de la production du ver à soie ; et , selon nous, le gouvernement devrait donner la sanction de son autorité aux certificats

---

(1) Nous avons visité cet établissement modèle ; il mérite tout le bien qu'on en dit , toute la confiance qu'on lui accorde , tant par son organisation que par ses travaux. Pour notre part, nous sommes heureux de le consigner ici.

délivrés par ces établissements. Les marchands de graines étrangères notamment pourraient être astreints à fournir des certificats constatant l'épreuve de leurs produits ; car l'homme du pays n'a contre eux aucun recours ; il achète en aveugle... Sans doute, il ne serait pas interdit à personne de vendre de la graine de ver à soie sans certificats ; mais on conçoit que l'acheteur ne négligerait jamais de se faire représenter ce document légal.

La fondation d'établissements comme celui de Cavaillon serait au moins, pour les éducateurs, une garantie qu'ils ne travailleraient pas à l'aventure. N'est-ce point assez déjà qu'ils aient à redouter les incertitudes que présente, depuis quelques années, le mûrier, dont la maladie n'a pu encore trouver de remède certain ?

Nous avons dit que la bonne graine de ver à soie faisait éclosion à peu près partout. Voici une série d'expériences qui nous sont personnelles, et qui établissent ce fait.

Eclosion des vers à soie sous diverses températures.

En 1842, vers la semaine sainte, à l'époque même où tous mes voisins faisaient éclore leurs vers, j'eus l'idée de tenter de rechercher quel était le milieu le plus favorable et le plus rapide à l'éclosion.

Je venais de recevoir d'Italie de la graine sur laquelle je croyais pouvoir compter; d'autre part, je pris pareille quantité de graine provenant de ma filature : je mêlai le tout, et le divisai en quatre portions de même poids, soit par 25 centigrammes.

La première partie fut enfermée dans un flacon de verre bouché à l'émeri, et goudronné au goulot, puis descendu à l'aide d'une corde dans un puits et plongeant dans l'eau à 3 mètres environ.

La deuxième partie, aussi enfermée et bien bouchée, dans une cloche de verre blanc, fut suspendue à 3 mètres au-dessus de l'eau et à 6 mètres au-dessous du niveau du sol.

La troisième partie fut librement mise en terre dans un trou de 30 centimètres de profondeur.

La quatrième partie fut placée au-dessous d'un mûrier, dans un trou d'environ 15 centimètres.

L'éclosion commença par les vers contenus dans le flacon plongé à 3 mètres dans l'eau de puits, relativement moins froide en cette saison.

Les vers enterrés au pied du mûrier, à 15 centimètres, vinrent à éclosion les seconds ; bientôt suivis par ceux qui avaient été placés en pleine terre à une profondeur de 30 centimètres.

Les derniers à éclore, ce furent les vers qui se balançaient au-dessus de l'eau, à 6 mètres au-dessous du niveau du sol. Cette lenteur doit être attribuée, certainement, à la fraîcheur qui se produit toujours entre l'eau et la terre, dans ces conditions. Elle se maintint de 6 à 7 degrés au-dessus de zéro, tandis que l'eau du puits était entre 9 et 10 degrés.

Une observation reste à faire, qui ne change rien au but cherché dans l'expérience : la faculté d'éclosion.

Les vers éclos au pied du mûrier grimpèrent rapidement sur l'arbre, dont ils couvrirent bientôt les branches ; mais un vent violent les gênant, ils se pelotonnèrent sous les feuilles et produisirent peu ; ce mûrier fut malade, son feuillage jaunit, et il fut plus de trois ans sans reprendre de vigueur.

On le voit, les quatre portions de graines de vers à soie éclorent toutes, mais plus ou moins rapidement, et selon que l'atmosphère fût plus ou moins favorable ; nous avons dit que ces graines étaient mélangées, à parties égales, de graine de France et d'Italie, mais l'une et l'autre bonnes, sûres et éprouvées : ce qui prouve, répétons-le encore, que le milieu où éclôt la graine, importe peu : il faut seulement qu'elle soit féconde, de quelque pays qu'elle vienne.

TABLE DES MATIÈRES.

Nancy, typ. de Raybois et Cie, place de la Halle, 25.

Extrait du Catalogue de E. LACROIX.

MARIOT-DIDIEUX. **ÉDUCATION LUCRATIVE DES POULES, ou Traité** raisonné de gallinoculture. 1 vol. in-18, 550 p. 1861. **5 fr. 50.**

— **GUIDE DE L'ÉDUCATEUR DE LAPINS, ou Traité de la race cunicu-** line, suivi de l'Art de mégisser leurs peaux et d'en confectionner des fourrures. 2e édition. Grand in-18, 1... **1 fr. 75.**

— **LE CHASSEUR MÉDECIN, ou Traité complet sur les maladies du** chien : par Francis Clater, vétérinaire anglais. Traduit de l'anglais sur la 27e édition. 5e édit. française, corrigée et **augmentée** par Mariot-Didieux, vétérinaire en premier attaché aux **remontes** de l'armée. In-12, VII-189 p. **2 fr.**

OPPERMANN (C. A.), ancien Ingénieur des ponts et chaussées. **NOUVELLES ANNALES D'AGRICULTURE.** Revue des fermes **impériales,** organe de la Compagnie des constructions rurales économiques, de la Compagnie générale du drainage et de la Société d'acclimatation. Destiné aux agriculteurs, propriétaires, **présidents** et membres des comices agricoles, maires, instituteurs primaires, etc. Prix annuel : Paris, 15 fr. ; départem., **17 fr.**

Il paraît chaque mois une livraison de quatre à six planches **grand format,** contenant chacune de nombreuses cotes et leur légende explicative ; **plus quatre** à huit pages de texte (même format que les planches) à deux **colonnes, avec** tableaux et figures intercalés.

Paraît depuis l'année 1859 :

DOURIAU, docteur ès sciences. **ÉLÉMENT DES SCIENCES PHYSIQUES APPLIQUÉES A L'AGRICULTURE,** chimie organique, suivie de l'étude des marnes, des eaux et d'une méthode générale pour **connaître** la nature d'un des composés minéraux intéressant l'agriculture ou la médecine vétérinaire. 1 vol. in-12, 512 p., **155 figures** gravées sur bois. Prix.................... **6 fr.**

Nîmes, typ. J. Roumieux et Cie, place du Château, 8.

9 782329 599588